AF299965

RED. :

14

MIRE ISO N° 1
NF Z 43-007
AFNOR
Cedex 7 - 92080 PARIS-LA-DÉFENSE

3798970
graphicom

BIBLIOTHÈQUE NATIONALE
DE FRANCE
PARIS

DÉPARTEMENT DES
IMPRIMÉS

8° R
10005

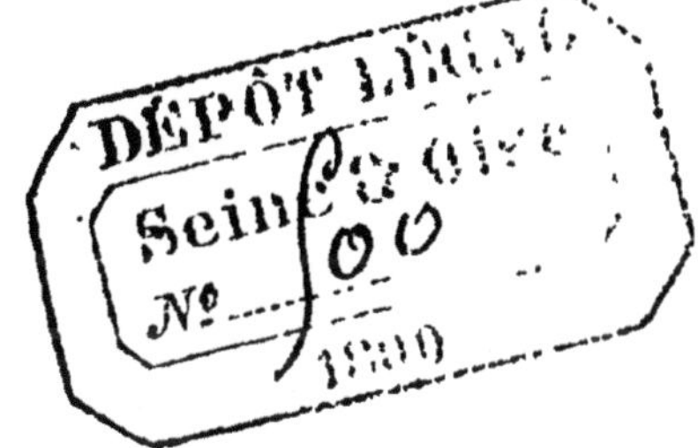
DÉPÔT LÉGAL
Seine & Oise
N° 500
1830

PHOTO. BIBLIOTHEQUE NATIONALE DE FRANCE PARIS
REPRODUCTION INTERDITE SANS AUTORISATION

LES OEUVRES PROTEGEES PAR LA LEGISLATION SUR LA PROPRIETE LITTERAIRE ET ARTISTIQUE (LOI DU 11 MARS 1957) NE PEUVENT ETRE REPRODUITES SANS AUTORISATION DE l'ORGANISME DETENTEUR DU DOCUMENT ORIGINAL, DE L'AUTEUR OU DE SES AYANTS DROIT.

DANS L'INTERET DE LA RECHERCHE LA BIBLIOTHEQUE NATIONALE DE FRANCE TIENT UN FICHIER DES TRAVAUX RELATIFS AUX DOCUMENTS QU'ELLE CONSERVE.

ELLE PRIE LES UTILISATEURS DE LA PRESENTE MICROFORME DE LUI SIGNALER LES ETUDES QU'ILS ENTREPRENDRAIENT ET PUBLIERAIENT A L' AIDE DE CE DOCUMENT.

8°R
1000

PREMIERS ÉLÉMENTS

DES

SCIENCES EXPÉRIMENTALES

CORBEIL. — IMPRIMERIE CRÉTÉ.

PREMIERS ÉLÉMENTS

DES

SCIENCES EXPÉRIMENTALES

À L'USAGE

DES CLASSES ÉLÉMENTAIRES ET DES ÉCOLES PRIMAIRES

PAR

J.-Henri FABRE

Ancien élève de l'école normale primaire de Vaucluse,
Docteur ès sciences

CINQUIÈME ÉDITION

PARIS

LIBRAIRIE CH. DELAGRAVE

15, RUE SOUFFLOT, 15

DÉPÔT LÉGAL
Seine & Oise
Nº 100
1890

PREMIERS ÉLÉMENTS

DES

SCIENCES EXPÉRIMENTALES

CHAPITRE PREMIER

POIDS. — BALANCE

1. Corps. — Toute chose matérielle, n'importe sa nature, sa forme, son étendue, ses propriétés, se désigne par l'expression générale de *corps*. Un bâton de soufre, une pierre, un morceau de bois, un bloc de métal, l'eau, l'air, par exemple, sont autant de corps.

2. États de la matière. — Une pierre, un morceau de bois, une barre de fer, sont des objets plus ou moins durs, qui résistent sous le doigt, qu'on peut saisir, manier. On leur donne telle forme que l'on veut, et cette forme, une fois acquise, ils la conservent désormais. Ces propriétés font dire de la pierre, du bois, du fer et des autres corps qui leur ressemblent sous ce rapport, que ce sont des corps *solides*.

L'eau, au contraire, cède facilement à la pression du doigt; elle glisse dans la main qui essaye de la saisir, elle coule. Par elle-même, elle n'a pas de forme, et il est impossible de lui en donner une déterminée, à moins de l'enfermer dans un vase. Elle se moule dans la cavité qui la reçoit, elle prend la forme du vase. L'eau et les autres corps susceptibles de couler, pour ce motif sont dits *liquides*.

La vapeur qui s'échappe de l'eau en ébullition est encore une substance insaisissable, plus insaisissable même que l'eau; la manier est impossible. De plus, elle s'épand en tout sens, elle gagne en volume, elle occupe un espace qui va toujours s'accroissant. Il y a donc des substances douées d'une extrême subtilité. Elles sont insaisissable, très souvent invisibles. Elles ne conservent pas une même forme, comme le font les solides; elles n'ont pas un volume déterminé, comme les liquides; elles s'épandent en tout sens et occupent un volume de plus en plus grand si rien ne les arrête. On les dit substances *gazeuses*.

Les divers corps que la science étudie se présentent donc à nous sous trois aspects, qu'on nomme les trois états de la matière, savoir : l'*état solide*, l'*état liquide* et l'*état gazeux*.

3. État solide. — Un corps est solide lorsqu'il présente au toucher une résistance qui permet de le saisir, de le manier. Tels sont : le bois, la pierre, le cuivre, le fer, le charbon, etc. Les corps solides ont une forme et un volume que par eux-mêmes ils ne peuvent modifier. Un morceau de métal façonné en cube du volume d'un litre reste indéfiniment avec sa forme cubique et son volume d'un litre.

4. État liquide. — Les corps liquides ne peuvent être ni saisis ni pressés entre les doigts. Ils n'ont pas de forme stable; ils prennent celle des vases qui les contiennent, ils se moulent dans les cavités qui les reçoivent. Mais s'ils n'ont pas de forme arrêtée, ils ont un volume qui ne varie pas. Un litre d'eau, dans tel ou tel vase, change de forme avec le vase lui-même, mais c'est toujours un litre d'eau, ni plus ni moins. L'eau, le vin, l'huile, etc., sont des corps liquides.

5. État gazeux. — Les corps gazeux, appelés aussi corps *aériformes*, ont, comme l'indique cette dernière dénomination, la subtilité de l'air, souvent même son invisibilité. On ne peut les palper, les saisir. Ils n'ont pas de forme arrêtée; ils se moulent, comme les liquides, dans les vases qui les contiennent. Ils n'ont pas davantage de volume déterminé ; ils tendent à s'épandre de tous côtés et à occuper un volume de plus en plus grand si rien ne met obstacle à leur expansion. Tels sont l'air, la vapeur d'eau, etc.

D'une manière concise on peut dire en résumant : les corps solides ont une forme et un volume ; les corps liquides ont un volume, mais ils n'ont pas de forme ; les corps gazeux n'ont ni forme ni volume.

6. **Passage d'un état à l'autre.** — Sans changer de nature, une même substance peut tour à tour, suivant sa température, prendre l'état solide, l'état liquide ou l'état gazeux. La glace est solide ; chauffée, elle se résout en eau, elle devient liquide ; chauffée davantage, elle passe à l'état de vapeur, à l'état gazeux. La vapeur, à son tour, refroidie, c'est-à-dire privée d'une partie de sa chaleur, reprend l'état liquide en se résolvant en eau ; et l'eau, refroidie assez, redevient de la glace. Plus de chaleur, de la glace fait de l'eau, et de celle-ci de la vapeur ; moins de chaleur, de la vapeur fait de l'eau et de celle-ci de la glace. Ce fait est général, à quelques exceptions près, qui tiennent soit à notre impuissance à chauffer ou à refroidir assez, soit à la décomposition qu'une température élevée amène parfois. Tous les corps, par une augmentation de chaleur, deviennent successivement solides, liquides, gazeux ; et par une diminution de chaleur, gazeux, liquides, solides. Les trois états de la matière sont donc des manières d'être qu'une même substance acquiert, suivant sa proportion de chaleur.

7. **Tous les corps sont pesants.** — Nous prenons une pierre dans la main ; la main s'ouvre et la pierre tombe ; elle revient à terre. Autant en ferait le premier objet venu : un morceau de bois, une boule de fer, une goutte d'eau, une balle de plomb, etc. Cependant, certains corps, au lieu de se précipiter vers le sol, s'élèvent et restent suspendus à de grandes hauteurs, comme la fumée, les nuages, les ballons. Y a-t-il ici une exception réelle à la règle qui veut que tout corps abandonné à lui-même re-

vienne à terre, ou bien la suspension dans l'air est-elle due à quelque cause entravant l'effet de la loi générale.

Un morceau de bois, saisi dans la main, revient à terre quand on le lâche ; mais, au lieu de nous trouver à la surface du sol, supposons-nous plongés à une grande profondeur dans l'eau. Alors le morceau de bois, abandonné par la main, ne tombera pas ; quoique assujetti à la loi de la chute, il s'élèvera en s'échappant de ses doigts ; au lieu de descendre, il montera, parce qu'il est plus léger que l'eau au milieu de laquelle il est plongé.

Eh bien, ici, à la surface du sol, nous sommes réellement plongés au fond d'une mer immense ; nous sommes plongés au fond de l'atmosphère, océan aérien qui de tous côtés enveloppe la terre. Alors la fumée et les nuages, plus légers que l'air environnant, doivent remonter des profondeurs de la mer aérienne comme remonte le bois du fond de l'océan des eaux.

Mais si l'air n'existait pas, ni la fumée, ni les nuages, ni les ballons ne s'élèveraient. Tout alors, absolument tout, tomberait comme tombe le plomb. C'est ce qu'on énonce en disant que tous les corps sont pesants.

Par le mot pesants, on ne veut pas entendre que les corps sont plus ou moins lourds ; la quantité de poids n'est pas ici prise en considération. On veut simplement dire que tous les corps tendent à revenir à terre. Peser et tendre à revenir à terre ont même signification. A ce point de vue, le liège est pesant, au même titre que le plomb, car, comme ce dernier, il revient à terre une fois abandonné à lui-même ; le nuage, lui aussi, est pesant, car, s'il n'y avait pas d'air, il descendrait à terre.

8. **Poids.** — Chaque particule d'un corps est attirée par la terre. La somme de ces attractions élémentaires se nomme le poids du corps. Il est alors évident que le poids d'un corps est d'autant plus grand, que ce corps renferme plus de molécules matérielles, ou, en d'autres termes, a plus de *masse*, car masse, en physique, signifie la quantité de matière qu'un corps renferme. Nous dirons donc : Le poids d'un corps est proportionnel à sa masse.

En vertu de son poids, un corps exerce une pression sur l'obstacle qui s'oppose directement à sa chute. C'est cette pression qui fait pencher le plateau d'une balance sur lequel il repose. Pour mesurer une quantité, on la compare à une autre de même espèce prise pour unité. Une longueur se mesure par la comparaison avec une autre longueur, le mètre ; une contenance se mesure par la comparaison avec une autre contenance, celle du décimètre cube ou litre ; une valeur monétaire se mesure par la comparaison avec une autre valeur monétaire, le franc. De même, le poids d'un corps ou la pression qu'il exerce sur l'appui qui le soutient directement, se mesure par la comparaison avec la pression exercée dans des conditions pareilles par un corps pris pour unité. L'instrument le plus commode pour faire cette comparaison se nomme *balance*.

9. **Gramme.** — L'unité de poids est le *gramme*. On appelle ainsi le poids d'un centimètre cube d'eau pure, à la température de quatre degrés du thermomètre centigrade. Imaginons une petite boîte cubique, c'est-à-dire ayant la forme d'un dé à jouer ; donnons à cette boîte un centimètre en longueur, un centimètre en largeur et un centimètre en profondeur. Elle aura ainsi la contenance d'un centimètre cube. Nous la remplissons d'eau. Eh bien, le poids de cette eau, de l'eau seule bien entendu, sera ce qu'on nomme le gramme.

10. **Système légal des poids.** — Le gramme se subdivise en dix parties égales ou *décigrammes ;* le décigramme, en dix parties égales ou *centigrammes ;* le centigramme, en dix parties égales ou *milligrammes.* La subdivision n'est pas amenée plus loin, parce que le milligramme est déjà un poids si faible, qu'à peine il fait trébucher les balances les plus sensibles. L'aile d'une mouche n'est pas loin de représenter le poids d'un milligramme. Ces divers poids sont trop petits pour être d'usage fréquent dans les applications de la vie ordinaire. Ils servent à peser les matières qui exigent une grande précision : par exemple, les médicaments énergiques, qui, à la dose de

quelques centigrammes en plus ou en moins, tuent le malade ou le guérissent; par exemple, les résultats du travail du chimiste qui décompose une parcelle d'un corps pour en savoir l'exacte composition. Dans ces recherches délicates, le milligramme, tout faible qu'il est, ne saurait être négligé sans de graves erreurs.

Dans les usages ordinaires, on emploie les poids multiples du gramme. Ce sont le *décagramme*, qui vaut dix grammes; l'*hectogramme* qui vaut cent grammes; le *kilogramme*, qui vaut mille grammes; le *myriagramme*, qui vaut dix mille grammes.

Le multiple le plus employé est le kilogramme, que l'on peut considérer comme l'unité de poids pour les usages ordinaires. Le kilogramme n'est autre que le poids d'un litre d'eau, dans les conditions voulues de pureté et de température. Le litre, en effet, est la contenance d'un décimètre cube. Le décimètre cube se divise en mille centimètres cubes. Un centimètre cube d'eau pèse un gramme; par conséquent, un décimètre cube d'eau, ou, ce qui est la même chose, un litre d'eau, pèse mille grammes ou un kilogramme.

Fig. 1. — Centigramme et décigramme.

Au-dessus du kilogramme, on a, pour les poids considérables, des unités plus fortes. C'est d'abord le *quintal métrique*, qui vaut cent kilogrammes, et enfin la *tonne* ou *tonneau de mer*, qui vaut mille kilogrammes. La tonne est le poids d'un mètre cube d'eau. En effet, un mètre cube se divise en mille décimètres cubes, et chaque décimètre cube d'eau ou litre d'eau pèse un kilogramme. Le mètre cube d'eau pèse donc mille kilogrammes, ce qui est précisément le poids appelé tonne.

11. Poids réels. — On nomme ainsi les poids qui interviennent réellement dans les pesées. Ils se subdivisent en trois groupes, savoir : les *petits poids*, les *poids moyens* et les *gros poids*.

Les *petits poids* sont :

Le demi-gramme.......... 5 dg.
Le double décigramme.... 2 dg.

Le décigramme............　1 dg.
Le demi-décigramme......　5 cg.
Le double centigramme....　2 cg.
Le centigramme.. ....　1 cg.
Le demi-centigramme......　5 mg.
Le milligramme. ....　1 mg.

Les petits poids sont en laiton, en argent, en platine. On leur donne généralement la forme d'une petite lame (fig 1).

Les *poids moyens* comprennent :

Le gramme....................　1 g.
Le double gramme..............　2 g.
Le demi-décagramme...........　5 g.
Le décagramme.............　1 fois　10 g.
Le double décagramme......　2 fois　10 g. ou 20 g.
Le demi-hectogramme ....　5 fois　10 g. ou 50 g.
L'hectogramme... ....　1 fois 100 g.
Le double hectogramme. ...　2 fois 100 g. ou 200 g.
Le demi-kilogramme........　5 fois 100 g. ou 500 g.

Les poids moyens sont en laiton. Ils sont, en général,

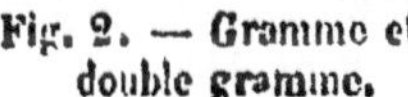

Fig. 2. — Gramme et double gramme.

Fig. 3. — Poids à godet.

cylindriques et terminés par un bouton qui sert à les saisir (fig. 2) On leur donne aussi la forme de godets coniques qui s'emboîtent l'un dans l'autre (fig. 3).

Les *gros poids* comprennent :

1 kilogramme.
2 kilogrammes.
5 kilogrammes.
10 kilogrammes.
20 kilogrammes.
50 kilogrammes.

Les gros poids sont en fonte, avec un anneau pour les sai-sir (fig. 4 et 5). Les plus faibles peuvent être en laiton (fig. 6).

12. Série usuelle des poids. — Proposons-nous de faire des pesées depuis 1 kilogramme jusqu'à 9 au moyen des trois poids légaux, qui sont : 1^{kg}, 2^{kg}, 5^{kg}.

Pour la pesée d'un kilogramme, nous mettrons dans la balance le poids 1^{kg}.

Pour la pesée de deux kilogrammes, nous mettrons le poids 2^{kg}.

Pour la pesée de trois kilogrammes, nous mettrons les poids 2^{kg} et 1^{kg}.

La pesée de quatre kilogrammes ne pourrait se faire si l'un des deux poids 1^{kg} et 2^{kg}, indifféremment n'était ré-

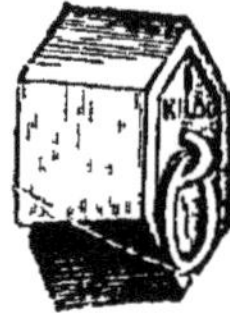

Fig. 4. — Kilogramme en fonte.

Fig. 5. — 20 kilogrammes en fonte.

Fig. 6. Kilo-gramme en laiton.

pété deux fois dans la série. Ordinairement, c'est le poids 1^{kg} qui se trouve représenté deux fois. Alors, pour faire quatre kilogrammes, on met dans la balance 2^{kg}, 1^{kg} et 1^{kg}.

La pesée de cinq kilogrammes se fait avec le poids 5^{kg}.

La pesée de six se fait avec les poids 5^{kg} et 1^{kg}.

La pesée de sept se fait avec les poids 5^{kg} et 2^{kg}.

La pesée de huit, avec les poids 5^{kg}, 2^{kg} et 1^{kg}.

La pesée de neuf, comme celle de quatre, exige deux fois soit le poids de 2^{kg}, soit de 1^{kg}. On met donc dans la ba-lance 5^{kg}, 2^{kg}, 1^{kg} et 1^{kg}.

Il faut de même, pour pouvoir faire toutes les pesées, deux fois le décagramme, deux fois l'hectogramme, deux fois le kilogramme, deux fois le poids de dix kilo-grammes.

Pour des raisons semblables, la série des petits poids comprend deux fois le gramme, deux fois le décigramme, deux fois le centigramme, deux fois le milligramme.

Soit à faire le poids de 49 kilogrammes. On mettra dans la balance le poids de 20^{kg}, deux fois le poids de 10^{kg}, le poids de 5^{kg}, le poids de 2^{kg} et deux fois le poids de 1^{kg}.

13. Balance. — Pour peser les corps, c'est-à-dire pour en évaluer le poids, on emploie surtout la *balance*. Cet instrument se compose d'abord d'une barre d'acier ou de

Fig. 7. — Balance.

fer appelée *fléau*, traversée en son milieu perpendiculairement à sa longueur, d'un axe ou support taillé en fine arête à son extrémité inférieure, et nommé *couteau*, à cause de sa disposition tranchante. Le couteau repose par son arête sur un *appui* d'acier ou de toute autre matière fort dure, placé à l'extrémité supérieure du pied de la balance.

L'arête tranchante du couteau a pour objet d'adoucir autant que possible le frottement en ne laissant reposer le fléau sur son appui que suivant une ligne sans épaisseur; et la matière dure de l'appui, matière que le couteau ne peut entamer, a pour effet d'empêcher la formation de sillons, de rainures, qui entraveraient à la longue le jeu de la balance. Pour que celle-ci fonctionne bien, il faut que le fléau ait toute la liberté de pencher du côté de l'un ou de l'autre plateau. De là, de minutieuses précautions prises relativement au couteau et à son appui pour éviter, autant que faire se peut, toute cause de frottement.

Le fléau est divisé, en deux parties exactement égales par le couteau. Ces deux parties se nomment les deux *bras de levier* de la balance. De lui-même, le fléau ne doit pencher ni d'un côté ni de l'autre, et se maintenir horizontal, ce qui exige évidemment, dans les deux bras de levier, une longueur égale et un poids égal. A chaque extrémité du fléau est appendu un *plateau* ou bassin. Les deux plateaux doivent être exactement de même poids. D'elle-même, la balance doit être en équilibre, c'est-à-dire que le fléau doit se maintenir horizontal. On le reconnaît au moyen d'une aiguille verticale placée au milieu du fléau. Le pied de la balance porte à sa partie supérieure un arc divisé de droite et de gauche en parties égales. Le zéro, placé au milieu de l'arc, correspond à la verticale. La balance est en équilibre quand l'aiguille du fléau s'arrête en face de ce zéro. Si les deux plateaux sont chargés l'un et l'autre d'un corps, il y a égalité de poids entre ces corps quand la balance tient son fléau horizontal, c'est-à-dire, quand l'aiguille se maintient, après quelques oscillations, en face du zéro de l'arc gradué. Si cette aiguille penche d'un côté, le corps correspondant pèse plus que l'autre.

14. **Balance de précision.** — Dans les balances de précision, c'est-à-dire dans les balances destinées à des pesées délicates, pour éviter que le couteau du fléau se fatigue et s'émousse en reposant continuellement sur le plan d'agate ou d'acier qui lui sert d'appui, ce qui nuirait avec le temps à la sensibilité de l'appareil, au repos le fléau est soutenu par un support à deux branches appelées fourchette D,E (fig. 8), de manière que le couteau n'a aucun

contact avec le plan d'appui. Pour exécuter une pesée, on presse sur le levier G. Ce levier pousse de bas en haut un axe disposé dans le pied A de la balance et portant le plan d'appui à sa partie supérieure. Ainsi un peu exhaussé, le plan d'appui vient se mettre en rapport avec le couteau du fléau; ce dernier est soulevé au-dessus de la fourchette et reprend sa mobilité. Enfin, pour éviter les poussières et

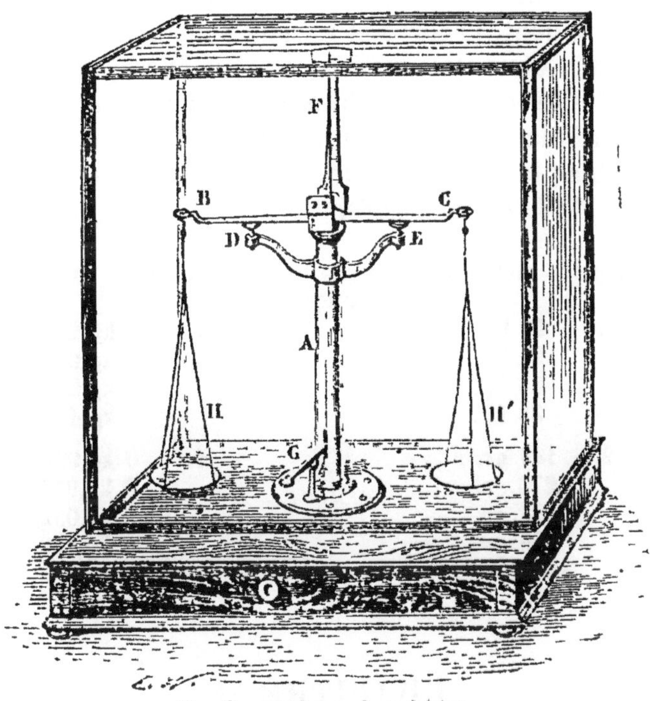

Fig. 8. — Balance de précision.

les mouvements de l'air, tout l'appareil est renfermé dans une cage vitrée.

15. Double pesée. — Malgré tout le soin que l'on met à leur construction, les balances sont plus ou moins défectueuses; il est, par exemple, impossible, ou pour le moins très difficile, de donner aux bras du fléau une égalité rigoureuse. Heureusement, dans les recherches délicates, on peut faire des pesées d'une exacte précision même avec une balance fausse, à la seule condition que cette balance soit *sensible*, c'est-à-dire trébuche aisément.

Désignons les deux plateaux par les lettres A et B. Nous mettons le corps à peser dans le plateau A, et nous lui faisons équilibre en mettant de la grenaille de plomb dans le plateau B. On enlève le corps du plateau A sans toucher à la grenaille de l'autre, et on le remplace par des poids marqués jusqu'à ce que ces poids équilibrent la grenaille de B. Ces poids sont la mesure exacte du poids du corps.

Effectivement, le corps et le poids en question, placés tour à tour dans les mêmes circonstances, c'est-à-dire à l'extrémité du même bras de levier, produisent un effet identique en équilibrant la même charge de plomb. Ils ont donc la même valeur. C'est là ce qu'on appelle la *méthode de la double pesée.*

Quels poids mettra-t-on dans la balance pour faire les pesées suivantes?

1.	17 kg.	3.	7 kg,249
	29 kg.		11 kg,029
	53 kg.		3 kg,999
	38 kg.		9 kg,444
2.	149 gr.	4.	0 kg,981
	276 gr.		0 kg,959
	523 gr.		0 kg,097
	799 gr.		0 kg,788

CHAPITRE II

CORPS FLOTTANTS

1. Expérience du seau. — L'eau supporte une poutre et laisse aller au fond une légère aiguille; elle laisse flotter un navire, d'un poids énorme, et ne peut supporter le moindre grain de sable. Rendons-nous compte de ces faits, en apparence **si contradictoires.**

L'eau dans laquelle plonge un objet étranger fait effort pour reprendre la place que cet objet occupe. Nous pouvons le constater comme il suit. Prenons un seau vide et tâchons de l'enfoncer dans l'eau, en le maintenant droit pour qu'il ne s'emplisse pas. A mesure que nous l'enfonçons davantage, nous éprouvons une résistance de plus en plus forte ; et, s'il est un peu grand, il n'obéit bientôt plus à nos efforts et s'échappe de nos mains, repoussé qu'il est par le liquide dont il a pris la place. On peut encore vérifier le même fait avec une carafe vide ; mais ici nous réussirons dans notre tentative, nous parviendrons à enfoncer le vase en entier, non sans un léger effort cependant.

Il est donc reconnu que, lorsqu'un corps plonge dans l'eau, celle-ci fait effort pour le repousser au dehors. Toutes les substances liquides, quelles qu'elles soient, se comportent à ce sujet de la même manière. Or d'où vient cette propriété ? Elle vient uniquement de la fluidité des liquides, fluidité par laquelle ils tendent à reprendre le niveau que l'objet immergé est venu troubler.

2. Poussée des liquides. — On donne le nom de *poussée* à l'effort que font les liquides pour rejeter hors de leur sein les corps qui s'y trouvent plongés. Il importe de reconnaître maintenant la valeur de cette poussée. Reprenons donc l'expérience du seau, qu'il nous est fort difficile et même impossible de faire plonger en entier quand il est vide ; mais cette fois-ci, remplissons-le d'eau graduellement. A mesure qu'il se remplit, le seau plonge davantage ; et, quand il est à peu près plein, il s'enfonce entièrement de lui-même, sans aucun effort de notre part.

La poussée de l'eau s'exerce néanmoins toujours. Alors, si malgré cette poussée, le seau plonge en entier sans effort, ce ne peut être que parce qu'il est devenu assez lourd pour la contre-balancer exactement. Mais le seau, en se remplissant, est devenu plus lourd d'une quantité égale au poids de l'eau qu'il renferme ; ou bien, en négligeant son épaisseur, au poids de l'eau dont il occupe la place. Le poids de l'eau déplacée représente donc la valeur de la poussée.

3. Expérience avec la balance hydrostatique. — A l'expérience du seau et de la carafe, faisons maintenant succéder la démonstration que la physique donne sur la poussée des liquides et sur sa valeur.

On emploie deux cylindres métalliques, l'un, A, creux, l'autre, B, plein (fig. 9). La capacité du premier est égale

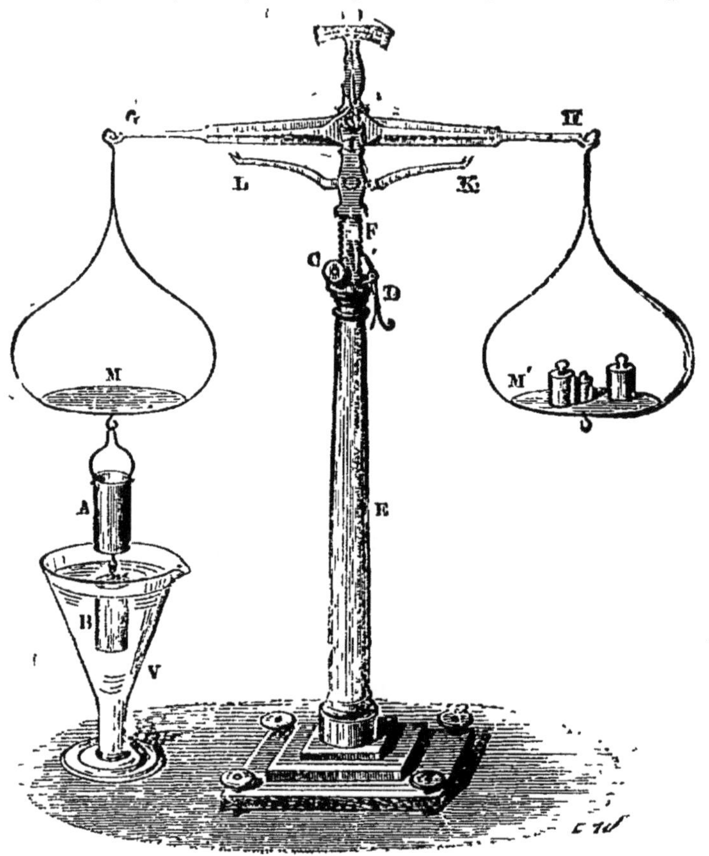

Fig. 9. — Balance hydrostatique.

au volume du second, c'est-à-dire que celui-ci remplit exactement le cylindre creux et s'y emboîte avec précision. On suspend, à l'aide d'un crochet, le cylindre plein au-dessous du cylindre creux, et le tout est appendu sous le plateau d'une balance, dite alors hydrostatique parce qu'elle sert à faire des pesées dans l'eau. A l'aide de l'autre plateau, on fait équilibre aux deux cylindres avec des poids, et encore mieux avec de la grenaille de plomb, qui se prête plus facilement, par sa division, à la mise en équilibre.

Lorsque les deux plateaux sont bien équilibrés, on fait plonger le cylindre plein dans l'eau que contient un verre V. Aussitôt, la balance trébuche, elle penche du côté des poids M'. Ce premier fait prouve que le cylindre plein, une fois immergé dans l'eau, ne pèse plus autant qu'auparavant. Par l'effet de son immersion, il se trouve allégé, il perd une partie de son poids; et cette perte est due à la poussée de bas en haut que le liquide exerce sur le cylindre. Ainsi se trouve démontrée la poussée de l'eau, dont il faut maintenant déterminer la valeur.

Dans ce but, à l'aide d'un petit entonnoir, sans rien déranger à l'appareil, on remplit d'eau le cylindre creux A; et quand il est exactement plein, l'équilibre de la balance se trouve rétabli. Cette eau ajoute son poids à celui de l'ensemble des deux cylindres, et agit comme si elle reposait sur le plateau M au lieu d'être suspendue au-dessous. La perte de poids provenant de la poussée du liquide de bas en haut, est donc égale au poids de l'eau versée dans le cylindre creux; mais ce cylindre creux a une capacité égale au volume du cylindre plein. Donc celui-ci, par l'effet de son immersion dans l'eau, éprouve une poussée de bas en haut égale au poids de son volume d'eau; ou bien, en d'autres termes, perd de son poids une quantité égale au poids de l'eau dont il occupe la place.

En disant que le corps immergé perd de son poids, n'allons pas nous figurer que ce corps pèse moins qu'auparavant : il pèse tout autant que lorsqu'il n'était pas immergé; seulement la poussée du liquide, s'exerçant en sens inverse du poids, de bas en haut, contre-balance en tout ou en partie la tendance à tomber.

4. **Principe d'Archimède.** — Résultat semblable se reproduirait avec un liquide quelconque : le corps immergé éprouverait toujours une poussée de bas en haut, et de la sorte perdrait de son poids, tantôt plus, tantôt moins, sui-

vant le liquide employé. Il faut donc généraliser la proposition et dire : *Tout corps plongé dans un liquide éprouve une poussée de bas en haut, et par conséquent une perte de poids, égale au poids du liquide dont il occupe la place,* ou plus brièvement *qu'il déplace.*

Cette vérité physique a des conséquences du plus haut intérêt. On la désigne sous le nom de *Principe d'Archimède,* parce qu'on la doit à un célèbre géomètre de ce nom, qui vivait à Syracuse, en Sicile, il y a plus de vingt siècles.

5. Explication de la poutre qui flotte sur l'eau et de l'aiguille qui tombe au fond. — Ainsi un corps plongé dans un liquide tend, d'une part, à tomber au fond à cause de son poids, et, d'autre part, à remonter à la surface à cause de la poussée du liquide. Le corps descendra au fond si la poussée est moindre que le poids; il remontera et flottera à la surface si la poussée est, au contraire, plus forte que le poids; il se maintiendra dans l'intérieur du liquide, sans monter ni descendre, si la poussée et le poids ont exactement même valeur.

Nous avons là tout ce qu'il faut pour résoudre notre problème de la poutre et de l'aiguille, du navire et du grain de sable. La poutre et le vaisseau flottent parce qu'ils déplacent un grand volume d'eau, dont la poussée contre-balance leur poids; l'aiguille et le grain de sable tombent au fond, parce qu'ils ne déplacent qu'un très petit volume d'eau, dont la poussée est moindre que leur poids.

6. Comment on peut faire flotter le fer. — Le fer cependant, et toutes les matières si lourdes qu'elles soient peuvent flotter quand on leur donne une forme convenable. Soit un bloc de fer pesant 500 kilogrammes. Nul ne s'avisera de vouloir le faire flotter tel qu'il est; ce serait exiger l'impossible, ce serait vouloir faire flotter la lourde enclume d'une forge. Mais supposons que ce bloc de fer soit réduit en plaques; admettons encore que ces plaques soient assemblées en forme de caisse bien fermée, à laquelle nous donnerons le volume d'un mètre cube. La caisse en fer, pesant toujours 500 kilogrammes, flottera maintenant à merveille, car si nous l'enfoncions en entier, elle occuperait la place d'un mètre cube d'eau ; et par conséquent elle éprouverait une poussée de 1000 kilogrammes, poids du mètre cube d'eau déplacé.

Si le poids qui tend à l'entraîner au fond n'est que de 500 kilogrammes, tandis que la poussée qui la soulève est de 1000, il est clair que cette caisse ne peut rester dans l'eau, mais qu'elle doit remonter et flotter ne s'enfonçant que d'une quantité telle, que la poussée éprouvée par la partie plongée soit égale au poids total de la masse de fer, enfin à 500 kilogrammes. Alors le poids du fer et la poussée de l'eau mutuellement se feront équilibre, et la caisse n'aura plus de tendance ni à monter ni à descendre.

Beaucoup de navires sont aujourd'hui construits presque entièrement en fer ; et ces énormes masses de métal flottent aussi bien que le bois, pour les mêmes raisons qui font flotter notre caisse de fer. En somme, si l'aiguille tombe au fond de l'eau, ce n'est pas à cause de sa nature métallique, mais à cause du poids trop faible du liquide déplacé ; si la poutre se maintient à la surface, ce n'est pas davantage parce qu'elle est en bois, mais parce qu'elle déplace une quantité d'eau dont le poids considérable égale le sien, ou même le dépasse si l'immersion est complète.

7. Corps flottants. — Un corps flottant s'enfonce plus ou moins suivant son poids et sa forme ; il s'enfonce jusqu'à ce que le liquide dont la partie plongée occupe la place ait un poids précisément égal à celui du corps lui-même, considéré en son entier. Dans ces conditions, la poussée du liquide contre-balance le poids du corps, et il n'y a plus de tendance soit à remonter un peu, soit à descendre davantage.

Ainsi un morceau de bois pesant 10 kilogrammes et un vaisseau du poids de 1000 tonnes, s'enfoncent tout juste assez pour occuper la place, le premier de 10 kilogrammes ou de litres d'eau, le second de 1000 mètres cubes.

Si la charge augmente, pour chaque tonne ajoutée, le

vaisseau occupera dans l'eau un mètre cube en plus; si la charge diminue, pour chaque tonne enlevée, il occupera dans l'eau un mètre cube en moins. Même résultat pour la moindre barque : son poids, réuni à celui des personnes qu'elle porte, a même valeur que le poids de l'eau déplacée. Pour chaque personne qui entre ou qui sort, la barque s'enfonce ou se relève d'autant de décimètres cubes que la personne pèse elle-même de kilogrammes.

8. Influence de la nature du liquide sur lequel flotte le corps. — Puisqu'un corps flottant s'enfonce jusqu'à ce que le poids du liquide déplacé soit égal à son propre poids, on voit que ce corps plongera d'autant moins que le liquide sur lequel il nage sera lui-même plus lourd. Sur

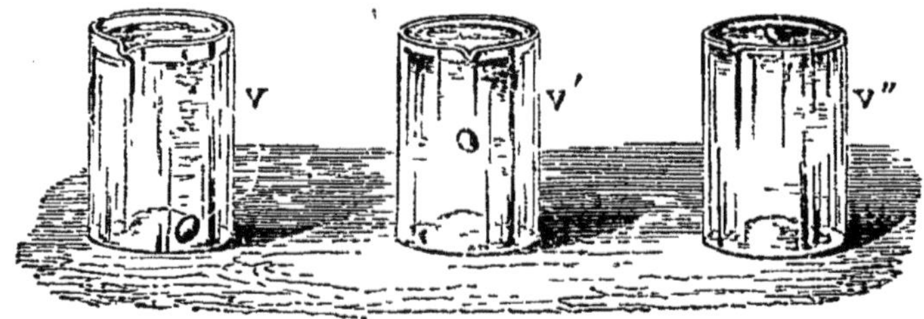

Fig. 10.

l'eau, le bois plonge d'une bonne partie de son épaisseur; sur le mercure, il plongerait à peine. Nous, qui coulons avec une malheureuse facilité au fond de l'eau, nous surnagerions sur le mercure, en dépit de nos efforts. Des corps bien plus lourds y surnagent : le plomb, le fer, le cuivre, par exemple. Ils flottent sur le mercure tout aussi aisément que le liège sur l'eau, parce que, à volume égal étant moins lourds, ils n'ont qu'à plonger d'une petite quantité pour que la poussée du liquide déplacé soit égale à leur propre poids. Mais le platine ne surnagerait pas, à moins d'être disposé sous une forme convenable : il est plus lourd que le mercure. Dans les métaux en fusion, beaucoup de corps d'un poids considérable surnagent; et tel est le motif qui amène les crasses, les scories -dessus du bain d'un métal en fusion.

9. Expérience de l'œuf et de l'eau salée. — Dans un premier vase V (fig. 10), mettons de l'eau ordinaire; dans un second, V', de l'eau médiocrement salée; dans un troisième, V'', de l'eau fortement salée. Plongé dans le premier vase, un œuf gagne le fond : il est plus lourd que l'eau douce, et la poussée du liquide ne peut contre-balancer son poids. Dans le second, si la salure est à un degré convenable, l'œuf reste suspendu au milieu de l'eau : son poids est égal à la poussée du liquide. Dans le troisième, où la poussée est plus grande, à cause de la forte salure de l'eau, il gagne la surface et flotte. De même, un bâtiment très chargé peut flotter sans péril, tant qu'il est dans les eaux salées de la mer, et être submergé, s'il entre dans les eaux douces d'une rivière. On comprend dès lors comment le sel en dissolution dans les mers est, pour la navigation, d'une immense utilité. En rendant les eaux plus lourdes, il leur communique la puissance de porter de plus grands fardeaux. Sur la mer Morte, tout à fait exceptionnelle sous le rapport du degré de salure, un homme surnage sans faire aucun mouvement. Dans les eaux de la mer Noire, peu riches en matériaux salins, un bâtiment peut être submergé, quoique flottant très bien sur les eaux plus salées de la Méditerranée.

10. Natation. — Le corps de l'homme est un peu moins lourd dans son ensemble que le volume d'eau qu'il peut déplacer. L'homme surnage donc de lui-même et d'autant mieux qu'il est plus corpulent. La nature de l'eau, douce ou salée, influe du reste sur la facilité de la natation. L'eau de la mer, plus lourde à cause de sa salure, nous soutient mieux que l'eau des rivières. Cependant, même dans la mer, on n'est pas nageur du premier coup; la natation exige de longs exercices. Comment cela, puisque nous flottons de nous-mêmes? Le poids de notre corps n'est pas réparti d'une manière uniforme; la moitié d'avant pèse plus que la moitié d'arrière. Aussi, couchés sur l'eau, nous inclinons un peu du côté d'avant; la tête s'enfonce, les pieds se relèvent. Mais les besoins de la respiration exigent que nous ayons la tête hors de l'eau, ce que l'on n'obtient qu'à la faveur de certains efforts enseignés par l'habitude. Les nageurs novices s'attachent sous les aisselles une ceinture de liège. C'est pour alléger le train antérieur et maintenir ainsi la tête hors de l'eau. L'art de la natation ne consiste pas simplement à lutter par un habile emploi de nos forces contre la submersion de la tête, il faut encore savoir avancer par la manœuvre des pieds et des mains, faisant office de rames. Mais ce n'est plus affaire de simples corps flottants.

Sous le rapport de la natation, les animaux sont plus favorisés que nous. Jetés à l'eau, ils surnagent, et dès la première fois, sans effort, ils maintiennent la tête à l'air. Cela provient de la distribution du poids de leur corps, plus lourd dans le train postérieur que dans le train antérieur.

11. Emploi des corps flottants pour transporter des fardeaux. — Si l'on charge un corps flottant d'un certain poids, il s'enfonce d'une quantité telle, que le volume d'eau déplacé en plus ait un poids égal à celui de la charge ajoutée. Pour chaque kilogramme, il déplace un décimètre cube d'eau en plus; pour chaque millier de kilogrammes, il en déplace un mètre cube. Si la charge augmentait toujours, le corps finirait par être en entier submergé, et par tomber au fond de l'eau. Mais avant d'atteindre cette limite, il peut recevoir une charge proportionnée à la quantité d'eau qu'il peut déplacer sans danger de submersion. C'est ainsi que fonctionnent les grands flotteurs employés au transport, canots, barques, vaisseaux. Si l'on mesurait, par les procédés de la géométrie, le volume de la partie immergée d'un navire et que, d'après ce volume, on évaluât le poids de l'eau déplacée, on aurait le poids entier du navire, le poids de sa charpente, de sa mâture, de son équipage, de son contenu, le poids de tout enfin, comme si l'énorme machine était mise dans le plateau d'une balance.

12. Emploi des corps flottants pour soulever des fardeaux. — Pour remettre à flot un vaisseau envasé dans un mauvais passage, on passe des cordages sous sa coque

pendant la marée basse, et l'on fixe ces cordages à des embarcations. A la marée montante, les embarcations portées
par le flot soulèvent avec elles le vaisseau et le dégagent
de la vase.

Si le niveau de l'eau n'est pas susceptible de s'abaisser
et de monter ensuite, comme cela a lieu par le fait des
marées océaniques, on dispose l'opération de la manière
suivante, soit pour dégager un bâtiment envasé, soit pour
soulever des fardeaux quelconques du fond de l'eau. Des
embarcations sont chargées de pierres jusqu'à s'enfoncer
presque en entier. Des cordages passés sous l'objet à soulever sont fixés à ces embarcations. Cela fait, on décharge
celles-ci, qui devenant plus légères, remontent en partie
hors de l'eau, et soulèvent le corps.

L'antique Égypte utilisait un moyen analogue pour

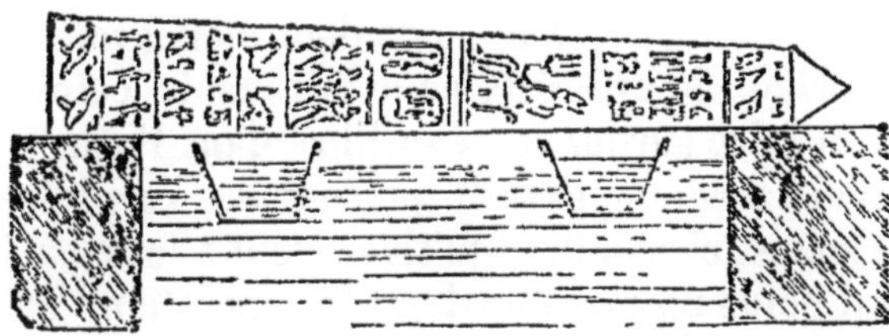

Fig. 11.

transporter les énormes aiguilles de granit nommées obélis-
ques. Un canal était creusé pour faire communiquer le
Nil avec le point de la carrière où gisait la pesante masse.
Le canal passait sous l'obélisque, qui ne reposait ainsi que
par ses deux extrémités (fig. 11). Alors venaient des barques, s'enfonçant jusqu'aux bords, sous une lourde charge
de pierres. Les pierres étaient jetées, et les embarcations
soulevant l'obélisque, le transportaient au point de desti-
nation. Pour décharger l'aiguille de granit, on fait enfoncer les barques, en les remplissant une seconde fois de
pierres.

13. **Lest.** — Pour qu'un corps flottant se maintienne sur
l'eau sans danger de chavirer, malgré les oscillations que
les mouvements du liquide peuvent lui imprimer, il faut

que le poids de ce corps soit distribué de telle sorte que la partie immergée se trouve la plus lourde. Il importe même que cet excès de poids soit placé aussi bas que possible dans le corps.

Soit, comme exemple, un cylindre de bois. Jeté dans l'eau, il surnage sans précautions de notre part. Mais il flotte couché sur le flanc; de plus, si l'eau est agitée, il roule et nage tantôt sur un côté, tantôt sur l'autre indifféremment. Une embarcation qui roulerait ainsi ne pourrait être employée. Proposons-nous de faire tenir le cylindre tout droit dans l'eau, et sans danger d'être renversé par les fluctuations du liquide. A cet effet, nous attachons à une extrémité du cylindre un poids proportionné à son volume, une pierre, un morceau de fer, de plomb, n'importe. Ainsi disposé, le cylindre se tient droit, la partie la plus lourde au fond. Il oscille si le liquide est agité, mais il ne chavire plus. On nomme *lest* le poids dont nous avons chargé le bout inférieur du cylindre, pour faire tenir celui-ci d'aplomb et lui faire garder son équilibre dans l'eau. La physique emploie divers appareils qui sont des corps flottants. Tous sont lestés, c'est-à-dire qu'ils portent à leur partie inférieure un poids un peu lourd qui les maintient en équilibre dans les liquides sur lesquels ils flottent.

Dans un vaisseau, les marchandises sont disposées de manière à faire office de lest. C'est tout au fond que sont placées les plus lourdes; les plus légères occupent les étages supérieurs ou même le pont.

Si le navire entreprend un voyage sans marchandises, il ne se met pas en route avec les flancs vides : faute d'équilibre, il chavirerait au premier coup de mer. On le charge de sable ou de pierres qu'on jette à fond de cale; en un mot, on le *leste*. C'est un fardeau de prix nul, un fardeau coûteux même, car il faut le charger et le décharger; n'importe, on ne peut le négliger; le salut du navire en dépend. Les vaisseaux de guerre sont lestés avec de gros lingots de fonte disposés au fond de la cale.

CHAPITRE III

VASES COMMUNICANTS — APPLICATIONS.

1. Expérience sur les vases communicants.—Soit un récipient ou vase quelconque A rempli d'eau (fig. 12).

Il est muni d'un canal B, sur lequel on peut visser tour à tour différents tubes, D, D', D", de la forme et du calibre que l'on veut. Un robinet R ferme d'abord le canal B et interrompt la communication entre le vase et le tube

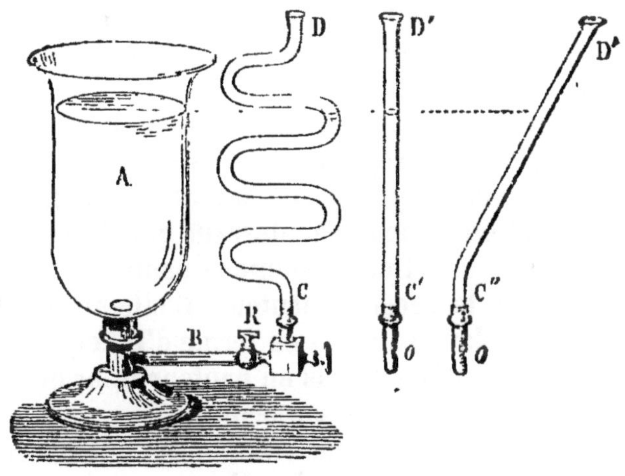

Fig. 12.

vissé. Dès que ce robinet est ouvert, l'eau s'élance dans le tube et s'y élève au niveau du vase lui-même. Au lieu du tube sinueux D, mettons en place le tube droit et vertical D', ou bien le tube penché D". Dans tous les cas, l'eau arrive au même niveau, au niveau du contenu du vase. Ainsi donc, quel que soit le tube vissé sur le canal de communication B, qu'il soit droit ou sinueux, vertical ou penché, large ou étroit, un liquide s'y élève au même niveau que dans le vase; et, lorsqu'il est question de la hauteur à laquelle le liquide monte dans ces différents tubes, il ne faut pas entendre la longueur réelle de la colonne liquide, longueur fort inégale, suivant la forme droite ou sinueuse du tube, mais bien la hauteur mesurée suivant la verticale, hauteur exactement la même dans tous les cas. De là cette loi connue sous le nom de *loi des vases communiquants*. Quand plusiers vases ou cavités de forme quelconque sont en communication, si l'un d'eux se remplit de liquide, les autres s'en remplissent aussi, et le liquide arrive dans tous au même niveau.

2. Applications de la loi des vases communicants. Conduite des eaux. — La propriété des liquides de reprendre leur niveau nous rend compte des moyens employés pour amener dans les villes l'eau de sources plus ou moins éloignées, pour lui faire franchir les accidents de terrain qui se présentent et la distribuer dans les divers quartiers.

Faut-il, par exemple, amener l'eau d'une hauteur sur une autre qui en est séparée par une vallée?

On établit sur la première hauteur un réservoir, d'où part un canal ou aqueduc souterrain qui descend la première pente de la vallée, remonte la pente opposée et vient déboucher sur la seconde hauteur. D'elle-même, l'eau se met de niveau dans ce canal en forme d'U, et, si la branche d'arrivée ne dépasse pas en hauteur la branche de départ, l'eau se déverse par son orifice.

Pour alimenter d'eau une ville, on établit un réservoir en un point élevé dominant les divers quartiers. L'eau est amenée dans ce réservoir soit par des pompes mues par des machines, soit par des canaux souterrains, ainsi que nous venons de le voir. Enfin, un tuyau principal part du réservoir et va se ramifiant sous le sol en tuyaux secondaires pour distribuer l'eau aux points voulus. S'il s'agit d'une fontaine, l'eau s'élève, pour regagner son niveau, dans un conduit ménagé dans la maçonnerie, et s'écoule si l'orifice de cette fontaine ne dépasse pas en élévation le niveau du réservoir d'où elle est partie (fig. 13). Rien n'empêcherait, on le comprend, de faire monter l'eau aux différents étages d'une maison, à la condition que le niveau du réservoir fût encore plus élevé. Mais si l'orifice d'écoulement d'une fontaine était supérieur au niveau du réservoir, l'eau s'arrêterait dans les tuyaux de conduite au niveau de son point de départ et ne coulerait pas.

3. Écluses des canaux de navigation. — Pour mettre en communication deux cours d'eau navigables situés dans deux bassins hydrographiques différents, il faut franchir des contreforts d'une élévation plus ou moins considérable, de sorte que le canal reliant les deux cours d'eau a une double pente, dont le point le plus élevé prend le nom de *point de partage*. C'est à ce point de partage que se trouvent les réservoirs alimentant le canal. La dépense en eau doit être aussi faible que possible, afin que ces réservoirs puissent suffire à l'alimentation, ce qui exige que la vitesse de l'eau dans le canal soit à peu près nulle, malgré la pente de l'ensemble.

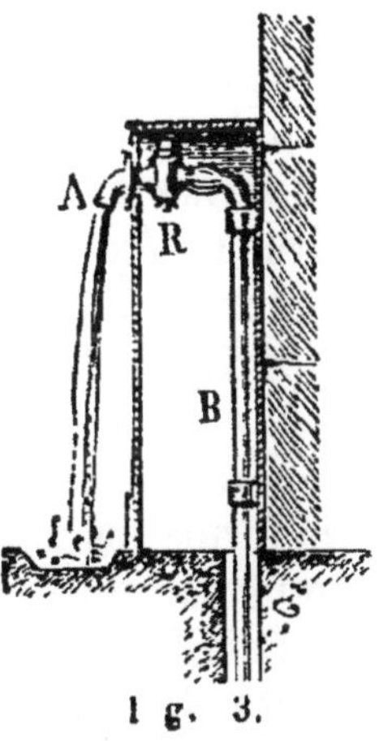

Fig. 3.

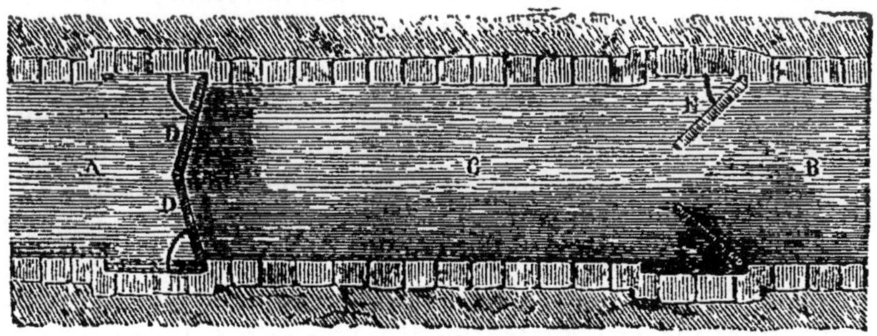

Fig. 14.

On arrive à ce résultat en ménageant de distance en distance de brusques changements de niveau au moyen d'écluses. Le canal est partagé en segments à pente nulle et de niveau différent appelés *biefs*. Une écluse, c'est-à-dire un tronçon de canal C (fig. 14), dont les parois sont en maçonnerie et dont les extrémités sont munies de grandes portes mobiles EE, DD, fait communiquer deux biefs consécutifs et permet aux bateaux de franchir la différence de niveau.

4. Comment un bateau monte. — Soient les deux biefs A et B, le premier plus élevé que l'autre. Un bateau placé en B doit remonter en A. On ouvre les portes E en tenant les portes D fermées; le même niveau s'établit entre C et B, et le bateau passe sans difficulté du bief B dans l'écluse C. On ferme alors les portes E et l'on ouvre les portes D. Le niveau s'établit le même entre A et C; le bateau monte, soulevé peu à peu, par l'afflux de l'eau, au niveau du bief supérieur, et passe enfin de C en A.

5. Comment un bateau descend. — Soit maintenant l'opération inverse : le bateau doit descendre de A en B. On ferme les portes E et l'on ouvre les portes D. La mise de niveau du liquide permet au bateau de passer de A en C. Cela fait, les portes D sont fermées et les portes E ouvertes. Le niveau de C descend au niveau de B, et le bateau, abaissé au niveau du bief inférieur, passe alors en B. On voit donc que l'écluse C, suivant que son niveau s'élève par l'afflux de l'eau du bief supérieur ou s'abaisse par l'écoulement de son contenu dans le bief inférieur, soulève ou abaisse le bateau au niveau voulu.

Nous avons supposé que les portes de l'écluse s'ouvraient au moment d'établir l'égalité de niveau. Ce n'est pas ainsi que les choses se passent. Il serait impossible de faire tourner sur leurs gonds ces énormes portes à cause de la puissante pression que l'eau exerce sur elles du côté du niveau le plus élevé. On commence par soulever une vanne placée à leur partie inférieure et manœuvrée avec une manivelle et une crémaillère (fig. 15). L'eau s'écoule par cet orifice; et, lorsque l'égalité de niveau s'est établie, les portes, pareillement pressées sur leurs deux faces, s'ouvrent sans difficulté.

6. Puits. — Il se trouve souvent dans l'intérieur de la terre, à peu de distance de la surface, des amas d'eau plus

ou moins considérables, provenant, par exemple, des pluies
infiltrées à travers le sol. Elles viennent souvent aussi, à
travers les terres perméables et par des crevasses, de quelque rivière, de quelque lac situé dans le voisinage. Pour atteindre ces eaux souterraines et les utiliser, nous creusons
des *puits*.

Supposons un de ces puits alimenté au moyen des infiltrations d'une rivière voisine. Le niveau de l'eau dans la
rivière et dans le puits sera le même. Si ce niveau s'élève
dans la rivière pendant une crue, il s'élèvera aussi dans le

Fig. 15.

puits, mais avec une certaine lenteur, parce que la communication est difficultueuse à travers la terre et les étroite,
fissures où le liquide s'engage. Si le niveau baisse dans la
rivière, il baissera pareillement dans le puits. En somme,
dans ce dernier se répéteront fidèlement, un peu attardés
par les difficultés de communication, tous les changements
de niveau que la rivière éprouve à l'époque des crues et à
l'époque des sécheresses.

On voit, en outre, que si l'on creuse un puits dans un

terrain imbibé par quelque cours d'eau voisin, il faut au moins atteindre en profondeur le niveau de ce cours d'eau, sinon le puits resterait toujours à sec, un liquide ne pouvant absolument pas s'élever de lui-même au-dessus du niveau du réservoir d'où il provient.

7. Jets d'eau. — Supposons maintenant que sur le canal B communiquant avec le vase plein d'eau A (fig. 12) on visse un tube court ouvert au sommet ou percé en pomme d'arrosoir. A l'ouverture du robinet R, l'eau s'élance pour reprendre le niveau qu'elle a dans le réservoir A, et jaillit en formant un seul jet si le tube est percé d'un seul orifice, une gerbe s'il est en forme de pomme d'arrosoir. Théoriquement, le jet devrait atteindre le niveau du réservoir; mais diverses causes s'y opposent : le frottement de l'eau dans le canal, la résistance de l'air et le choc des gouttes liquides qui, en retombant, amortissent la vitesse de celles qui partent. On diminue ce dernier inconvénient en inclinant un peu le jet, ce qui porte le filet liquide descendant en dehors du filet ascendant. Le jet monte alors un peu plus haut, mais il est moins gracieux.

La cause des eaux jaillissantes, soit naturelles, soit artificielles, réside dans la tendance des liquides à reprendre leur niveau. Supposons un réservoir élevé communiquant par des canaux souterrains avec un orifice dirigé en l'air. Si cet orifice est situé plus bas que le niveau du réservoir, l'eau jaillira et atteindra la ligne de niveau du réservoir, abstraction faite de l'amoindrissement du jet par le frottement dans le canal, la résistance de l'air et le choc du liquide descendant. Ainsi la hauteur d'un jet d'eau dépend avant tout de la distance verticale de l'orifice d'écoulement au niveau du réservoir.

CHAPITRE IV

GLACE. — VAPEUR D'EAU. — PLUIE

1. Les trois états de l'eau. — Nous avons dit qu'une même matière, suivant sa proportion de chaleur, peut prendre tour à tour l'état solide, l'état liquide, l'état gazeux. L'eau nous en fournit un exemple bien connu de tous. Habituellement elle coule, elle est liquide; mais par le refroidissement de l'hiver, elle devient corps solide, elle devient glace, compacte et dure comme pierre. Aux rayons du soleil, et plus rapidement encore à la chaleur d'un foyer, elle devient vapeur, qui se dissipe dans l'air en substance invisible. Vapeur, eau et glace, malgré leurs différences profondes dans la manière d'être, sont néanmoins toujours une même matière, de l'eau, tantôt coulante, tantôt bloc durci, tantôt chose insaisissable, invisible tout autant que l'air lui-même.

Un accroissement en chaleur change la glace en eau; un nouvel accroissement change l'eau en vapeur. Au contraire, une diminution de chaleur, c'est-à-dire un refroidissement, fait revenir la vapeur à l'état d'eau; et un refroidissement plus considérable fait revenir enfin l'eau à l'état de glace.

2. Passage d'un état à l'autre. — La glace est un corps solide; beaucoup de pierres ne sont pas plus dures. Mettons-la dans un vase sur le feu. Elle se fondra; en gagnant de la chaleur, elle deviendra une substance liquide, de l'eau. Si cette eau à son tour est chauffée davantage, elle se mettra à bouillir, s'exhalera en vapeur, c'est-à-dire qu'elle prendra l'état gazeux.

Voilà donc que l'eau, par un accroissement de chaleur, passe de l'état solide à l'état liquide, puis de l'état liquide à l'état gazeux. La plupart des corps éprouvent de pareils changements. Il est vrai qu'il faut parfois des foyers d'une violence inouïe : ainsi le fer ne devient liquide qu'au sein du prodigieux brasier d'un haut fourneau ; et pour en réduire une parcelle en gaz ou vapeur, il faut appeler à son aide ce que la science du feu sait produire de plus puissant. Avec un degré de difficulté moindre pour les uns, plus grand pour les autres, tous les corps suivent donc cette loi commune : la chaleur les fond d'abord, c'est-à-dire les fait devenir liquides ; puis elle les volatilise, c'est-à-dire les réduit en vapeurs.

A son tour, le froid que fait-il ? Et d'abord remarquons bien que le froid n'a pas d'existence propre, que ce n'est pas quelque chose d'opposé à la chaleur. Tous les corps, sans exception aucune, possèdent de la chaleur, qui plus, qui moins ; et nous les qualifions de chauds ou de froids suivant qu'ils sont plus chauds ou moins chauds que nous. La chaleur est donc partout, et le froid n'est qu'un mot servant à désigner les degrés inférieurs de chaleur. Refroidir, ce n'est pas ajouter du froid, qui par lui-même n'est rien, c'est soustraire de la chaleur. S'il gagne en chaleur, un corps s'échauffe ; s'il perd en chaleur, il se refroidit.

Eh bien ! le refroidissement, c'est-à-dire la soustraction de chaleur, ramène les vapeurs à l'état de substances liquides ; et celles-ci enfin à l'état de substances gazeuses. Ainsi la vapeur de la marmite bouillante, au contact du couvercle froid, perd de sa chaleur et redevient de l'eau ; ainsi la vapeur de notre souffle, au contact d'un carreau de vitre, se refroidit et ruisselle en fines gouttelettes. A son tour, l'eau, par une diminution convenable de chaleur, se prend en glace, c'est-à-dire devient solide. De manière pareille se comportent les autres substances ; une diminution de chaleur les ramène de l'état gazeux à l'état liquide, puis de l'état liquide à l'état gazeux.

3. La glace. — Chacun a pu remarquer que la glace flotte sur l'eau. Elle est donc plus légère et par conséquent elle occupe plus de place que l'eau d'où elle provient. Ainsi l'eau, en se congelant, augmente un peu de volume.

Si quelque obstacle s'oppose à cette augmentation, une poussée se produit, presque irrésistible. Rappelons une expérience que nous avons déjà citée. Remplissons entièrement d'eau une bouteille ordinaire, choisie aussi épaisse que nous le voudrons ; fermons-la avec un solide bouchon, maintenu d'ailleurs par un cordon ou un fil de fer noué autour du goulot. En cet état, exposons-la au dehors pendant une très froide journée d'hiver. L'eau se congèlera, et la glace, trop à l'étroit dans la capacité de la bouteille close, finira par briser la paroi de verre, si résistante qu'elle soit. Dans l'histoire des pierres, on a déjà vu le rôle important de cette poussée indomptable de la glace, réduisant en menus débris les roches de toute nature pour en faire de la terre végétale.

A cette propriété de la glace d'augmenter de volume au moment de sa formation et de pouvoir ainsi flotter sur l'eau, se rattache une autre conséquence de haut intérêt. Si la glace, en effet, était plus lourde que l'eau, les populations aquatiques seraient exposées à la destruction complète dans tous les pays où l'hiver est rigoureux.

La glace se forme à la surface de l'eau que refroidit l'air extérieur. Si la première couche formée descendait au fond, le contact glacial de l'air [s'exercerait sur une nouvelle nappe de liquide et la congèlerait à son tour. La glace descendrait encore, et l'eau, se trouvant de la sorte toujours en rapport avec l'air froid, finirait par geler dans toute son épaisseur. Les fleuves, devenus solides, cesseraient de couler ; les lacs, les étangs, seraient convertis, de la surface au fond, en assises de glace. Est-il nécessaire de dire qu'une fois pris et enveloppés de partout par la glace, les animaux qui peuplent ces fleuves, ces lacs, ces étangs, devraient infailliblement périr ? Mais la glace flotte, elle couvre l'eau d'une couche plus ou moins épaisse, et la préserve désormais des atteintes du froid. C'est ainsi que malgré la rigueur de l'hiver, l'eau se maintient liquide sous la glace, comme l'exige la conservation des êtres vivants qui l'habitent.

4. Vapeur d'eau. Sa présence dans l'atmosphère. —

Le passage d'un liquide à l'état de vapeur s'effectue de deu
manières : *par évaporation* et *par vaporisation*. Si le
vapeurs se forment uniquement à la surface du liquide, qui
reste dans un complet repos, il y a évaporation ; si les vapeurs
se forment au fond de la masse liquide, animée alors d'un
mouvement tumulteux, il y a vaporisation. De l'eau exposée
au soleil dans une assiette, peu à peu *s'évapore;* de l'eau
mise dans un vase sur le feu et chauffée jusqu'à bouillir.
se vaporise.

Quand on étale sur des cordes le linge qu'on vient de
laver, que se propose-t-on? De faire sécher ce linge, de faire
partir l'eau dont il est imbibé. Or, cette eau que devient-
elle?

Cette eau se dissémine dans l'air, s'y dissout et devient
invisible comme l'air lui-même. Quand on mouille un tas
de sable aride, l'eau s'y insinue et disparaît. Il est vrai que
le sable prend alors un aspect différent : il était sec avant,
il est humide après. Le sable boit l'eau en contact avec lui.
Ainsi fait l'air : il boit l'humidité du linge en devenant
lui-même humide ; et il la boit si bien, que le tout, air et
eau, reste invisible comme si l'air ne renfermait rien d'é-
tranger.

On appelle *vapeur* l'eau devenue invisible, en quelque
sorte aérienne, c'est-à-dire semblable à l'air ; et la réduc-
tion de l'eau en ce nouvel état se nomme évaporation.
L'humidité du linge que l'on fait sécher s'évapore; l'eau
s'insinue dans l'air et devient ainsi vapeur invisible, qui
se répand en tous sens au gré des vents.

L'évaporation est d'autant plus prompte qu'il fait plus
chaud. Chacun a remarqué, par exemple, qu'un linge
mouillé se dessèche très vite par un soleil ardent, et ne
perd son humidité qu'avec lenteur si le temps est couvert
et froid. Chacun a remarqué aussi qu'après une pluie, le
sol se dessèche d'autant plus vite qu'il fait plus chaud.
Disons encore qu'une assiette pleine d'eau, si elle est
exposée aux ardeurs du soleil, perd rapidement son contenu, qui s'en va en vapeur invisible ; et ne le perd qu'avec
lenteur étant placée à l'ombre.

Or ce qui se fait aux dépens de l'eau d'une assiette et de l'humidité du sol ou d'un linge mouillé, se fait aussi, dans des proportions énormes, sur la surface du monde entier. L'air est en contact avec le sol humide, avec d'innombrables nappes d'eau, lacs, marécages, fleuves, rivières, ruisseaux; avec la mer surtout, la mer immense, trois fois plus étendue que l'ensemble des terres. Il doit donc contenir toujours de l'humidité, tantôt plus, tantôt moins, suivant que la chaleur solaire favorise l'évaporation.

L'air qui est là, maintenant, tout autour de nous, cet air invisible où le regard ne distingue rien, contient cependant de l'eau que l'on peut faire apparaître. Le moyen est très simple : il suffit de refroidir un peu l'air. A cet effet, remplissons une carafe d'eau très fraîche, ou mieux de fragments de glace ; essuyons-en bien l'extérieur pour qu'il ne reste au dehors aucune trace d'humidité et plaçons-la sur une assiette également bien essuyée.

Voici que la carafe, d'une limpidité parfaite, se voile d'une espèce de brouillard qui en ternit la transparence; puis des gouttelettes apparaissent, ruissellent sur ses flancs et descendent dans l'assiette. D'où proviennent ces gouttes d'eau? Elles proviennent de l'air environnant, qui se refroidit au contact de la carafe, et cède ainsi son humidité, passée de l'état de vapeur à l'état de liquide. Semblable fait se répète quand on remplit d'eau fraîche un verre d'une propreté parfaite. Il arrive alors que le dehors du verre se ternit aussitôt et semble mal lavé. C'est encore l'air environnant qui dépose son humidité sur la paroi refroidie.

L'expérience de la carafe nous apprend deux choses : d'abord, il y a toujours de la vapeur invisible dans l'air; en second lieu, cette vapeur devient visible et se change en brouillard, puis en gouttelettes d'eau par le refroidissement. La chaleur du soleil réduit l'eau en vapeur invisible; le refroidissement condense cette vapeur, c'est-à-dire la ramène à l'état d'eau, ou pour le moins à l'état de vapeur visible ou de brouillard.

5. **Brouillards et nuages.** — Rappelons-nous ces

brouillards qui, dans les matinées humides d'automne et d'hiver, couvrent la terre d'un voile de fumée grise, cachant le soleil, et nous empêchant de voir à quelques pas devant nous. D'où proviennent-ils? Ils proviennent de la vapeur de l'atmosphère, vapeur rendue visible par un commencement de condensation provoquée par le refroidissement.

Eh bien, les nuages et les brouillards sont même chose; seulement les brouillards s'étalent autour de nous et se montrent tels qu'ils sont, gris, humides, froids, tandis que les nuages se tiennent plus ou moins élevés, et prennent avec l'éloignement et sous les rayons du soleil, de riches apparences. Il y en a d'un blanc éblouissant; il y en a de couleur d'or et de feu; il y en a de cendrés, de noirs. Au coucher du soleil, on voit tel nuage débuter par être blanc, puis se teindre d'écarlate, puis briller comme un brasier ardent, et enfin s'obscurcir et tourner au gris, au noir, à mesure que les rayons solaires lui arrivent en moindre abondance. Tout cela est affaire d'illumination. En réalité, les nuages, si splendides qu'en soient d'ici les apparences, sont formés d'une fumée humide, absolument pareille à celle des brouillards. Leur merveilleux spectacle n'est qu'une illusion de lumière.

6. **Formation des nuages.** — Une évaporation continuelle a lieu, disons-nous, tant à la surface du sol humide qu'à la surface des différentes nappes d'eau et principalement de la mer. Les couches inférieures de l'air s'imprègnent ainsi de vapeur d'eau. Si ces couches viennent à se refroidir, les vapeurs qu'elles renferment éprouvent un commencement de condensation et produisent un brouillard. Telle est la cause des brumes qui, le matin, couvrent les vallées où se trouvent des marécages ou des cours d'eau. Plus tard, quand le soleil est assez vif, ces brouillards se dissipent parce que les vapeurs à demi condensées qui les forment se dissolvent en entier dans l'air par l'effet de la chaleur et deviennent invisibles.

Mais si les couches inférieures sont chaudes, elles s'élèvent dans les hautes régions à cause de leur légèreté, et emportent avec elles les vapeurs invisibles dont elles se sont imprégnées au contact de la terre humide, des nappes d'eau, des flots de la mer. Cette masse d'air chaud et chargé de vapeurs rencontre, à mesure qu'elle s'élève, des températures de plus en plus froides ; il arrive donc un moment où les vapeurs ne peuvent plus être tenues en dissolution complète et se changent en un brouillard, qui prend alors le nom de nuage.

7. Hauteur des nuages. — Il y a des nuages qui traînent à terre, ce sont les brouillards ordinaires ; il y en a d'autres qui stationnent sur les flancs des montagnes médiocrement élevées ; d'autres qui en couronnent les cimes. La région où ils se trouvent communément est comprise entre 500 et 1500 mètres. D'autres, en moindre nombre, atteignent une lieue, deux lieues de hauteur. Enfin, dans quelques cas assez rares, ils s'élèvent à près de quatre lieues.

Par delà, le ciel est d'une perpétuelle sérénité. Là, jamais les nuages ne montent ; là, jamais ne gronde le tonnerre ; là, jamais ne se forment la neige, la grêle, la pluie.

8. Principales formes des nuages. — Tous les nuages ne se composent pas de vapeur à demi condensée en fumée visible. A des hauteurs un peu grandes, le froid est assez vif pour amener l'eau à l'état de glace. Et, en effet, les ascensions aérostatiques ont permis d'observer, au milieu même de l'été, à 6000 mètres de hauteur et au delà, des nuages uniquement formés de très fines aiguilles de glace.

On appelle *cirrus* les nuages qui présentent cette singulière composition. Vus d'ici-bas, ils ont tantôt l'aspect de légers flocons pareils à des touffes de laine crépue, tantôt celui de filaments déliés d'une blancheur éclatante faisant un vif contraste avec le bleu foncé du ciel. De tous les nuages, ce sont les plus élevés. Quand les cirrus prennent la forme de petits nuages arrondis, disposés à côté l'un de l'autre en très grand nombre, de manière à produire l'aspect d'un troupeau de moutons vus par le dos, le ciel qui en est couvert est dit *pommelé*. C'est d'ordinaire un présage de changement de temps.

On donne le nom de *cumulus* à ces gros nuages blancs, à contours arrondis, qui s'entassent, pendant les chaleurs de l'été, comme d'immenses montagnes de coton. Leur apparition est signe d'orage.

On nomme *stratus* les nuages disposés par bandes régulières au bord du ciel au moment du lever ou du coucher du soleil. Ce sont ces nuages qui, aux dernières lueurs du jour, prennent les teintes ardentes de la flamme. Les stratus rouges du soir annoncent le beau temps ; les stratus rouges du matin sont suivis de vent ou de pluie.

Enfin on appelle *nimbus* un ensemble de nuages sombres, d'un gris uniforme, tellement confondus l'un dans l'autre qu'il est impossible de les distinguer. Ces nuages se résolvent ordinairement en pluie. Vus à distance, ils présentent souvent de larges bandes rayées qui vont en ligne droite du ciel à la terre. Ce sont des traînées de pluie.

9. **Pluie.** — Quand, à la suite d'un refroidissement survenu dans les hauteurs de l'air, la brume des nuages atteint une certaine condensation, des gouttelettes d'eau se forment et tombent en pluie. D'abord fort petites, elles augmentent de volume en route par la réur..on avec d'autres gouttelettes pareilles. Elles nous arrivent donc d'autant plus grosses qu'elles viennent de plus haut.

D'après la position géographique de la France, il est aisé de prévoir quelle doit être, en général, la direction des vents qui nous amènent la pluie, et de ceux qui nous amènent la sécheresse. Un courant d'air, en effet, doit être d'autant plus chargé d'humidité, qu'il a balayé sur son trajet une nappe d'eau plus étendue et plus chaude. Au sud de la France, se trouve le bassin de la Méditerranée. Le vent du sud, qui glisse sur ses eaux, doit être et est en effet généralement pluvieux. Il en est de même du vent d'ouest, qui assemble sur nos côtes océaniques les vapeurs de l'Atlantique. Au contraire, le vent d'est, qui ne rencontre sur son trajet pour arriver jusqu'à nous, que les contrées centrales de l'Europe, est en général sec. Quant au vent du nord, il est sec et froid, parce qu'il nous arrive des froides régions septentrionales et ne rencontre sur son passage que des bras de mer dont la faible température ne permet pas une abondante évaporation.

10. Quantité de pluie. — On mesure la quantité de pluie qui tombe annuellement en un lieu déterminé par l'épaisseur de la couche d'eau que cette pluie y formerait, si, ne pouvant s'infiltrer dans le sol, ni s'écouler, ni s'évaporer, elle s'accumulait pendant une année. Ainsi lorsqu'on dit qu'il tombe annuellement 60 centimètres de pluie à Paris, cela signifie que l'ensemble de la pluie tombée en un an dans cette ville pourrait former sur le sol une couche uniforme de 60 centimètres d'épaisseur.

On se sert d'un *udomètre* pour évaluer la quantité de pluie tombée. C'est tout simplement un vase en fer-blanc ouvert à sa partie supérieure. Après chaque pluie, on reconnaît la quantité d'eau tombée en mesurant l'épaisseur de la couche amassée dans l'udomètre.

On pourrait ne consulter l'instrument que de loin en loin, à la fin de l'année si l'on veut. Il faut alors empêcher l'évaporation, qui diminuerait la couche d'eau recueillie. C'est ce qu'on fait en soudant à l'orifice du vase un entonnoir de même dimension. L'entonnoir reçoit la pluie dans une étendue égale à la base de l'udomètre, la laisse pénétrer dans le vase par un trou fort étroit, et l'empêche, une fois entrée, de se dissiper en vapeurs. Il est clair que l'eau amassée dans l'udomètre représente en épaisseur, au bout de l'année, la totalité de la pluie tombée dans le voisinage.

On a ainsi reconnu qu'en moyenne il tombe annuellement à Paris 60 centimètres de pluie; à Bordeaux, 87; à Rouen, 97; à Toulouse, 64; à Lyon, 89; à Nantes, 135.

CHAPITRE V

SOURCES. — EAUX POTABLES

1. Évaporation des mers. — L'énorme surface des mers
fournit à l'atmosphère ses vapeurs et ses nuages, qui se
résolvent en pluie, et, chassés par le vent, voyagent, comme
d'immenses arrosoirs, au-dessus des terres, qu'ils fertilisent.
A leur tour, les pluies, les neiges, déversées par les nuages,
donnent naissance aux fleuves, qui charrient leurs eaux à
la mer. Il s'effectue ainsi un courant continuel qui, né de
la mer, retourne à la mer, après avoir pénétré dans l'atmosphère sous forme de nuages, arrosé la terre à l'état de
pluie, et parcouru les continents à l'état dé rivières et de
fleuves.

2. Toutes les eaux retournent à la mer. — La mer
est donc le réservoir commun des eaux. Fleuves, sources,
fontaines, minces filets d'eau, tout en vient, tout y retourne.
L'eau d'une goutte de rosée, l'eau qui circule avec la sève
dans les plantes, l'eau qui dégoutte de notre front en trans-
piration, viennent de la mer et sont en route pour y revenir.
Quelque petite que soit la gouttelette, elle ne s'égare pas en
route. Si le sable aride la boit, le soleil l'en retire et l'envoie rejoindre les vapeurs de l'atmosphère, et, tôt ou tard,
le bassin des mers, d'où elle était venue.

Le Rhône, par exemple, le Rhône, lui si grand, tire ses
eaux de la mer et les y ramène; il y verse cinq millions de
litres d'eau toutes les secondes. La Garonne, la Loire, la
Seine, et une foule d'autres en font autant. Ce n'est là encore qu'une bien faible partie des cours d'eau qui se dé-
versent dans la mer. Tous les fleuves du monde s'y rendent,
absolument tous; et ils sont bien nombreux, et il y en a
de bien grands. L'Amazone, dans l'Amérique du Sud, a
1400 lieues de parcours, et 10 lieues de large à son em-

bouchure. Quelle masse d'eau le puissant fleuve ne doit-il pas fournir?

Tous les cours d'eau de la terre, les petits comme les grands, les moindres ruisseaux comme les fleuves énormes, sans discontinuer s'écoulent dans la mer. Le mince filet d'eau qui court sous un tapis de cresson s'en va droit à la mer, tout comme l'Amazone; il y verse par seconde ses quelques litres d'eau; c'est tout ce qu'il peut faire. Mais il ne va pas trouver la mer tout seul, la mer immense, lui si petit. Il rencontre d'autres courants en route, il mêle son filet d'eau claire à des ruisseaux plus forts, qui deviennent rivière en se réunissant plusieurs; le fleuve reçoit la rivière; et la mer, en recevant le fleuve, reçoit le faible ruisselet.

3. Pourquoi le niveau de la mer ne s'élève pas. — Puisque toutes les eaux courantes, sans discontinuer, arrivent à la mer, pourquoi, avec tant d'eau continuellement reçue, la mer ne verse-t-elle pas?

Si, quand il est plein, un réservoir reçoit d'une source juste autant qu'il laisse écouler par une ouverture, il est évident qu'il ne peut verser, bien qu'il lui arrive sans cesse de l'eau : perdant autant qu'il gagne, il garde le même niveau. Il en est ainsi de la mer. Elle perd autant qu'elle gagne, et de la sorte son niveau reste toujours le même. Les ruisseaux, les torrents, les rivières, les fleuves, se rendent à la mer; mais les ruisseaux, les torrents, les rivières, les fleuves viennent aussi de la mer. Ils ramènent dans l'immense réservoir ce qu'ils y ont pris et pas une goutte de plus.

4. Pourquoi, venant de la mer, l'eau des sources n'est pas salée? — Puisque toutes les eaux courantes viennent de la mer, elles devraient, ce semble, être salées comme le sont les eaux marines. Mais considérons qu'un ruisseau, par exemple, ne sort pas de la mer comme l'eau d'une rigole sort d'un réservoir. Avant d'être ce qu'il est, le ruisseau a d'abord voyagé dans les airs en nuages venus de la mer. Ces nuages ont versé de la pluie, de la neige, en voyageant d'un côté et d'autre. Cette pluie, cette neige fondue, ont pénétré dans le sol, s'y sont infiltrées et entretiennent maintenant la source du ruisseau. Cette source n'est pas salée, quoique venant de la mer; le motif en est tout simple.

Quand on met de l'eau salée dans une assiette, en plein soleil, l'eau seule s'en va et le sel reste. Pareillement, les vapeurs que le soleil fait élever de la mer ne sont pas salées, parce que le sel ne les accompagne pas quand elles se forment. Alors les cours d'eau alimentés par la neige et la pluie descendues des nuages, ne peuvent être salés.

5. **Les sources.** — Les infiltrations des eaux pluviales, la fusion des neiges et des glaciers, donnent naissance à des sources, à des ruisseaux, qui, par leur réunion, constituent les rivières. Celles-ci, en suivant la pente du terrain, se rejoignent et forment des courants plus considérables, qui, sous le nom de fleuves, vont déverser les eaux continentales aux océans, d'où ces mêmes eaux étaient venues par la voie des nuages.

Rien de plus variable que la manière dont commence un cours d'eau. Tantôt, la source prend naissance sous la masse d'un glacier, et par mille rigoles, se rend dans la caverne terminale des glaces, d'où elle s'épanche au dehors; tantôt, déjà puissante, elle surgit du milieu des rochers, au fond d'une vallée, bien loin des neiges ou des infiltrations qui l'alimentent; tantôt encore, on la voit sourdre en minces filets d'un sol spongieux, ou transsuder goutte à goutte par les interstices des roches brisées. Au milieu de cette variété, bornons-nous à une paire d'exemples.

6. **Source de Vaucluse.** — Cette source, qui donne son nom au département qu'elle arrose, se fait jour au fond d'une gorge sauvage, brusquement terminée par un immense rempart de rochers à pic. Le nom de Vaucluse, qui signifie vallée close, fait précisément allusion à ce barrage du vallon.

Figurons-nous donc, à droite et à gauche, des escarpements inaccessibles et d'une sévère nudité; au bas des pentes, quelques rochers sculptés en aiguilles par les injures du temps; devant nous, la muraille rougeâtre de la

montagne coupée suivant la verticale : telle est la configu-
ration générale de la célèbre vallée. A l'époque des eaux
basses, le haut de la vallée ne présente qu'un entassement
de blocs revêtus d'une noire toison de mousses. Çà et là,
du milieu de ces blocs, l'eau surgit de terre, abondante,
mais paisible et limpide. Toutefois, la source principale
n'est pas là; elle est au pied du rempart terminal. Là
s'ouvre, dans les flancs du rocher, une vaste caverne où
l'on peut descendre par un rapide talus. On se trouve
alors sous une voûte naturelle, dont le cintre robuste porte
le poids de la montagne; et l'on voit le sol de l'antre s'ex-
caver d'un gouffre sans fond, que remplit une eau tranquille, admirablement bleue.

A l'époque des pluies ou de la fonte des neiges, cette
eau s'élève, envahit la caverne, remonte le talus et se déverse en un énorme flot de 2400 litres par seconde. Alors
la fontaine tonne ainsi qu'une trombe diluvienne; ses
ondes, bondissant et rebondissant de l'un à l'autre de ces
quartiers de roc velus que nous avons vus d'abord à sec, se
précipitent en cascades blanches comme neige, se brisent
en écume au milieu d'un tumulte étourdissant, et soulèvent un nuage de poussière liquide dans l'atmosphère du
vallon. Plus bas tout se calme; et voilà, à quelques pas de
la source, une rivière importante, la Sorgue, qui, après
avoir fertilisé une partie du département, va se jeter dans
le Rhône.

D'où vient cette masse d'eau épanchée du fond d'une
gorge tellement pelée, tellement aride, qu'on la prendrait
pour quelque vieux cratère de volcan? Elle provient, par
des infiltrations souterraines, de la chaîne de montagnes
voisine, dont la cime principale, le Ventoux, garde des
neiges une grande partie de l'année.

7. Source du Gave de Pau. — Au voisinage du mont
Perdu, dans une région des plus sauvages des Pyrénées,
se trouve le cirque de Gavarnie. C'est une aire demi-cir-
culaire, entourée par une enceinte verticale de rochers
de quatre à cinq cents mètres d'élévation. Ce rempart, dont
les créneaux sont des glaciers, est surmonté lui-même par

l'amphithéâtre des cimes environnantes, taillées en vastes gradins que blanchissent les neiges perpétuelles. Dix ou douze torrents naissent de la fusion de ces neiges et tombent dans le cirque.

Le plus considérable se précipite du haut d'une roche surplombante et parcourt une verticale de 410 mètres en ne touchant le mur qu'une fois, vers les deux cinquièmes de sa chute. Son isolement lui donne l'apparence d'une longue pièce de mousseline ou de gaze d'argent qui flotterait du haut du rempart; c'est moins une colonne d'eau qu'un nuage délié glissant dans les airs. Dans sa brume transparente, les rayons du soleil se jouent en mobiles fragments d'arc-en-ciel. Enfin le flot aérien touche le sol. La cascade se brise alors sur les rochers, rejaillit en gerbe floconneuse, aussi douce d'aspect qu'un panache de fines plumes, et se couronne de vapeurs qui remontent les assises des remparts.

En ce point du cirque, les neiges sont permanentes. La cascade s'ouvre un passage dans leur épaisseur en formant une voûte nommée Pont de glace. Quelque temps, les eaux circulent sous l'écorce de neige et de glace; puis, grossies par les diverses cascades précipitées du haut de l'enceinte, elles reparaissent avec une teinte d'azur foncé, et, par l'entrée du cirque, se jettent dans la vallée en un torrent fougueux nommé le *Gave de Pau*. Dans les Pyrénées, le mot gave signifie torrent.

8. Matières étrangères contenues dans l'eau. — Si limpide qu'elle soit, l'eau naturelle n'est jamais rigoureusement pure. Qu'elle vienne d'un puits, d'une source, d'un fleuve, d'un lac, l'eau est en contact avec la terre, et par conséquent elle doit contenir un peu des substances solubles renfermées dans le sol. De même que l'eau coulant sur un lit de sel ordinaire serait forcément salée, de même l'eau qui lave la terre est chargée des matières solubles assez nombreuses que la terre contient. Toute eau qui touche le sol est donc impure dans l'acception la plus rigoureuse du mot. L'eau de la pluie, même celle qui serait recueillie en plein air, sans avoir lavé les toits, est encore impure, car elle renferme notamment les poussières flottant dans l'air, poussières qu'elle a balayées dans sa chute. Inutile de mentionner les eaux troubles d'orage, charriant des limons, et les eaux de la mer, contenant une telle quantité de sel, qu'il serait impossible d'en boire une gorgée.

Parmi les matières étrangères qui peuvent altérer la pureté de l'eau, les plus fréquentes sont le carbonate de chaux, matière de la pierre à bâtir, et le sulfate de chaux, matière du plâtre.

Ainsi l'eau ordinaire la plus limpide, où le regard ne saisit absolument rien, renferme la plupart du temps un peu de carbonate de chaux. Avec un verre d'eau la plus claire, nous buvons du même coup un peu de calcaire, la même matière qui constitue le marbre et la pierre de taille. Et il est excellent qu'il en soit ainsi. Notre corps, en effet, pour se fortifier et grandir, exige des matériaux pierreux, destinés à la formation des os, qui sont à notre égard ce qu'une solide charpente est par rapport à un édifice. Ces matériaux, de nécessité absolue, nous ne les créons pas nous-mêmes; nous les empruntons à notre nourriture, à notre boisson. L'eau, pour sa part, en fournit une bonne partie; elle fournit le carbonate de chaux, la substance minérale qui domine daus les eaux. Ainsi, pour être propre à la boisson, pour être potable, l'eau doit toujours contenir un peu de carbonate de chaux. La proportion convenable et de 1 à 2 décigrammes de matériaux pierreux par litre d'eau.

9. Eaux lourdes. — Avec des quantités beaucoup plus fortes, l'eau devient ce qu'on appelle *lourde*, parce que ses matières minérales trop abondantes fatiguent l'estomac, rendent la digestion pénible et nous pèsent. Une eau lourde, ou trop riche en substance pierreuse, quoique d'une irréprochable limpidité tant qu'elle est froide, se trouble et blanchit un peu quand on la chauffe; enfin elle a un goût fade. D'autre part, une eau pareille est impropre à certaines opérations domestiques, notamment au savonnage et à la cuisson des légumes.

Il est su de chacun que l'eau dans laquelle on savonne du linge blanchit toujours plus ou moins, et qu'il se forme alors de petits flocons blancs ou grumeaux nageant dans l'eau de lavage. Cette couleur blanche et ces flocons ont pour cause les matières pierreuses dissoutes. Si ces matières sont en trop forte proportion, le lavage se fait avec difficulté, le savon se dissout mal et se dissipe en grumeaux sans agir sur les impuretés du linge. Enfin les légumes, pois, lentilles, haricots, pois-chiches, ces derniers surtout, ne peuvent convenablement cuire dans une eau lourde. La matière pierreuse s'incorpore aux légumes; et désormais l'ébullition se prolonge sans amener la cuisson. Au contraire, l'eau de pluie recueillie en plein air, l'eau provenant de la fusion de la neige, se prêtent fort bien à la cuisson des légumes, parce qu'elles ne renferment pas les matières minérales qui, si souvent, rendent l'eau ordinaire impropre à cet usage.

10. **Eaux non aérées.** — Pour être potable, une eau doit renfermer un peu d'air en dissolution. La preuve en est manifeste. Portons de l'eau à l'ébullition; par l'effet de la chaleur, l'air dissous s'en ira. Eh bien! cette eau qui a bouilli et de la sorte a perdu l'air dissous, n'est plus bonne à boire, étant refroidie : elle rebute l'estomac et provoque des nausées. Donc une eau croupissante est toujours malsaine parce qu'elle ne renferme pas en dissolution la petite quantité d'air atmosphérique que réclame toute eau destinée à la boisson.

Elle est plus malsaine encore si elle a séjourné sur des matières organiques en décomposition, détritus pourris de l'animal ou de la plante. Une saveur repousssante, une odeur putride en général dénotent ses pernicieux effets. Néanmoins ce caractère est insuffisant, car parfois, tout en étant dépourvue d'odeur et de saveur désagréable, une eau peut contenir des substances organiques qu'il importe à notre santé d'éviter avec soin. L'eau à éprouver est évaporée dans une capsule. Le liquide parti, il reste un dépôt terreux qui, fortement chauffé, se maintient blanc s'il ne contient pas de matières organiques, et brunit plus ou moins s'il en contient. Dans ce dernier cas, l'eau, quelles qu'en soient les belles apparences, doit être absolument rejetée comme boisson : elle nous exposerait à de sérieux dangers.

11. Eaux potables. — En résumé, pour être potable, une eau doit être agréable au goût, fraîche en été et point glacée en hiver ; elle doit conserver sa limpidité malgré l'ébullition ; elle doit contenir de l'air en dissolution, condition que remplissent toutes les eaux courantes parce qu'elles mettent en contact avec l'atmosphère des surfaces continuellement renouvelées ; elle doit bien dissoudre le savon et bien cuire les légumes ; évaporée, elle ne doit pas laisser de résidu brunissant par l'action de la chaleur.

CHAPITRE VI

EXEMPLES DE DILATATION DES CORPS PAR LA CHALEUR. THERMOMÈTRE.

1. Dilatation et contraction. — En gagnant de la chaleur, un corps, qu'il soit solide, liquide ou gazeux, s'allonge suivant toutes ses dimensions, augmente de volume, enfin il se *dilate*. Au contraire, en perdant de la chaleur, il se raccourcit suivant toutes ses dimensions, il diminue de volume, en un mot il se *contracte*. Ces effets inverses, résultant d'un gain ou d'une perte en chaleur, se nomment *dilatation* et *contraction*.

2. Dilatation des corps solides. — Une opération pratiquée par les charrons nous démontrera la dilatation des corps solides, du fer en particulier. Une roue de voiture se compose de diverses pièces. C'est d'abord un morceau de bois tourné, appelé *moyeu*, qui en occupe le centre et reçoit, dans un canal qui le traverse, une grosse barre de fer, appelée *essieu*. Des bâtons, appelés *rais* ou *rayons*, s'emboîtent par un bout dans le moyeu, et par l'autre dans des pièces de bois, formant le bord de la roue et appelées *jantes*. Tout cela est fort compliqué et demande cependant une grande solidité.

Pour assembler toutes ces pièces avec la solidité désirable, voici ce que fait le charron. Il prend un grand cercle en fer un peu plus étroit que la roue en bois, de telle sorte qu'il est impossible, dans les conditions actuelles, d'y faire entrer la roue. Il chauffe ce cercle; celui-ci s'agrandit en tous sens, et, pendant qu'il est encore chaud, le charron y enchâsse la roue sans aucune difficulté, grâce à la dilatation du métal. Puis le fer est refroidi

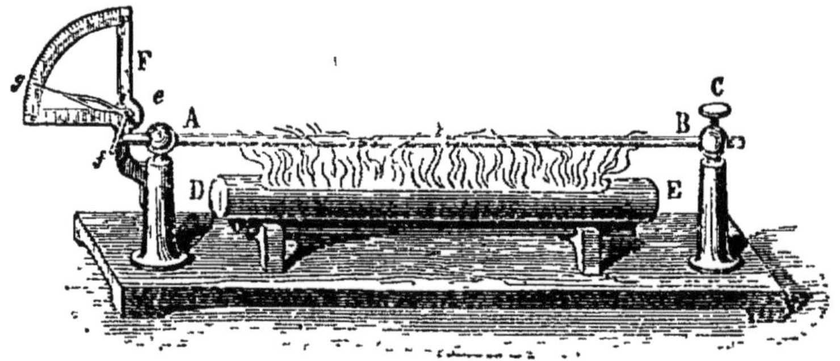

Fig. 16.

avec de l'eau. La contraction du collier de fer est tellement énergique, que les jantes se resserrent sous une pression irrésistible, et que toutes les pièces de la roue sont désormais fixées l'une à l'autre de la manière la plus solide.

Il est bien entendu qu'en outre de ce service, résultant de la dilatation et de la contraction du métal, le cercle en fer en rend un autre : celui de préserver les jantes du frottement contre le sol, et de les empêcher de s'user trop vite.

3. **Pyromètre à cadran.** — Un ingénieux appareil de physique, appelé *pyromètre à cadran*, va nous montrer des faits semblables, avec plus de précision. Dans la figure que voici (fig. 16.) AB est une tringle de fer solidement fixée au support de droite par une vis C; mais à gauche, cette tringle peut librement glisser dans le trou du support A

Son extrémité s'appuie contre la courte branche d'une aiguille coudée *g*, *e*, *f*, mobile autour du point *e*, et dont la
longue branche peut ainsi parcourir un quart de cercle
où sont tracées des divisions égales. Au-dessous de la tringle est une auge en laiton DE, remplie d'esprit-de-vin,
dans lequel plongent des flocons de coton servant de
mèche.

Au début, la tringle étant froide, l'aiguille est au bas du
cadran et correspond au zéro des divisions. Mais on allume
l'esprit-de-vin. La tringle s'échauffe, enveloppée qu'elle est
par la flamme: elle se dilate, elle s'allonge. Comme son
extrémité B est fixée par la vis qui la serre, toute l'augmentation en longueur se porte du côté de A. La tringle
pousse donc devant elle la petite branche de l'aiguille, et
la longue branche remonte plus ou moins haut sur les divisions du quart de cercle.

Par cet artifice, on rend très sensible la faible augmentation en longueur de la tringle. Supposons que la longue
branche de l'aiguille ait dix fois la longueur de la petite
branche. Si celle-ci, poussée par la tringle qui s'allonge,
se déplace d'un millimètre, l'autre branche, dix fois plus
longue, se déplacera de dix millimètres; et la dilatation
de la tringle, qui échapperait à la vue si rien ne nous venait en aide, deviendra de la sorte parfaitement appré-
ciable.

On éteint l'esprit-de-vin. La tringle se refroidit; elle se
raccourcit, elle se contracte. L'aiguille, en effet, à mesure
que l'extrémité de la tringle recule, retombe peu à peu
par son propre poids, et atteint son point de départ, le
zéro du cadran, quand la température est revenue ce
qu'elle était au début.

En recommençant l'expérience avec une tringle de même
longueur, mais d'une autre nature, avec une tringle de
cuivre par exemple, on reconnaîtrait que l'aiguille, arrivée au point le plus haut de sa course, occuperait une
division différente de celle occupée par la tringle de fer.
Poussée par la tringle de cuivre, elle monterait plus haut
que poussée par la tringle de fer. Les différentes sub-

stances ne se dilatent donc pas également; le cuivre, en particulier, se dilate plus que le fer.

4. Anneau de S'Gravesande. — L'expérience précédente prouve que les corps solides s'allongent par une augmentation de chaleur et se raccourcissent par une diminution de chaleur. Mais là ne consistent pas, en entier, les effets de la dilatation et de la contraction. Le corps qui s'échauffe s'agrandit dans tous les sens; il augmente de volume. Le corps qui se refroidit s'amoindrit dans tous les sens; il diminue de volume.

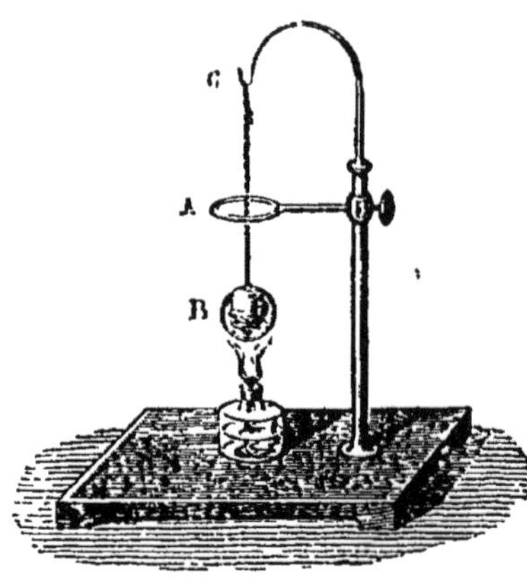

Fig. 17.

L'appareil de la figure 17 se nomme anneau de S'Gravesande, du nom de celui qui le premier en fit emploi pour démontrer la dilatation des corps. Il comprend une boule en métal B et un anneau A, dans lequel la boule peut passer à froid, mais tout juste. Or, si l'on chauffe cette boule à la flamme d'une lampe, elle ne peut plus passer à travers l'anneau, preuve de son accroissement en dimension dans tous les sens. Quand elle est refroidie, elle y passe sans difficulté, preuve de l'amoindrissement de ses dimensions en tous sens.

On pourrait disposer l'expérience d'une autre façon. Choisissons une boule métallique légèrement plus large que l'anneau, de manière qu'à froid elle ne puisse passer à travers cet anneau. Maintenant, laissons la boule froide et chauffons l'anneau. Celui-ci, se dilatant, laissera sans difficulté passer la boule, ce qu'il ne pouvait faire étant froid. Conduite de cette manière, l'expérience nous reproduira exactement ce qui se passe dans l'opération du charron, telle que nous venons de la décrire. La boule représentera la roue en bois, et l'anneau représentera le cercle en fer.

5. Dilatation des liquides. — Qui ne sait qu'une marmite non entièrement pleine d'eau froide, étant mise sur le feu, en laisse déverser bientôt une partie. L'eau se dilate donc, puisque, une fois chaude, elle ne peut plus être contenue en entier dans la capacité qui la contenait d'abord. Pour mieux juger de la dilatation des liquides, on peut faire l'expérience bien simple que voici.

Remplissons d'eau, ou de tout autre liquide, une fiole à long col, en faisant arriver ce liquide jusqu'en un certain point du col, que nous marquons à l'encre ou avec une boucle de fil. Approchons la fiole du foyer. Voici que le niveau de liquide monte peu à peu au-dessus du point de repère, qui permet de suivre les progrès de la dilatation. En ayant soin de ne pas le laisser déverser par-dessus l'orifice, nous verrons enfin le liquide, quand la fiole sera retirée de devant le foyer, redescendre graduellement et gagner son niveau primitif. Ainsi les liquides se dilatent ou se contractent suivant qu'on les échauffe ou qu'on les refroidit.

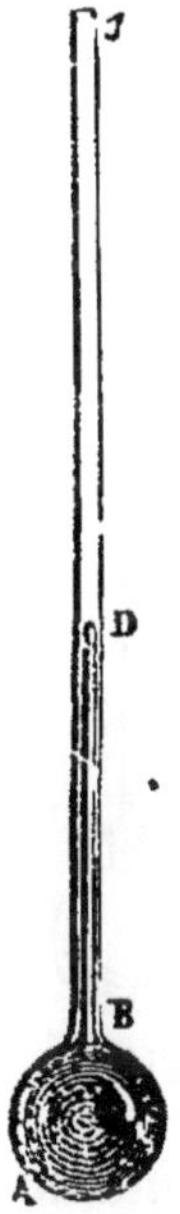

Soit encore l'appareil usité dans les classes de physique, appareil que représente la figure 18. C'est un ballon à long col A, C, rempli d'un liquide quelconque, d'eau par exemple, et de préférence d'eau colorée, qui permet de suivre plus facilement les variations de hauteur dans le canal BC. Au début, le liquide s'élève en D supposons. On chauffe sur un fourneau, et l'on voit le niveau du liquide monter peu à peu, jusqu'à se déverser par l'orifice C, cet orifice serait-il à une hauteur de plusieurs mètres, si le ballon A est assez grand. Maintenant laissons le ballon se refroidir. Le liquide descendra et graduellement reviendra à son point de départ, à la condition, bien entendu, qu'il ne s'en soit pas déversé une partie.

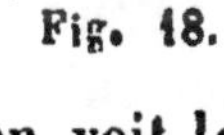
Fig. 18.

6. Dilatation du gaz. — Rien de plus simple à vérifier que la dilatation du gaz par la chaleur. Prenons une vessie, et, après l'avoir ramollie dans l'eau, insufflons-y de l'air de manière à ne la remplir qu'à moitié; puis nouons l'orifice avec un cordon. En cet état, la vessie est flasque et ridée; mais approchons-la du feu, chauffons-la avec ménagement. Nous la verrons se dérider, se ballonner, devenir toute pleine et rebondie. En s'échauffant, l'air s'est donc dilaté et a fini par acquérir un volume suffisant pour gonfler entièrement la vessie. Maintenant, éloignons-la du foyer. En se refroidissant, elle se dégonfle en partie; preuve que l'air reprend son volume primitif.

Ou bien encore servons-nous d'un ballon de verre, auquel, avec un excellent bouchon, nous adaptons un long tube, comme pour l'expérience sur la dilatation des liquides (fig. 19). Ce ballon est plein d'air. Nous le chauffons très modérément, et nous plongeons aussitôt l'extrémité du tube dans un liquide coloré, par exemple dans de l'eau noircie avec de l'encre. L'appareil se refroidissant, une petite colonne de liquide entre dans le canal et prend la place du peu d'air que la chaleur a fait partir. Cette courte colonne de liquide, qui sépare désormais l'air intérieur de l'air extérieur, nous permettra de suivre du regard les changements de volume éprouvés par le contenu gazeux. On lui donne le nom d'*index* parce qu'elle indique, par son déplacement dans le canal, le changement de volume survenu dans le gaz. On enlève alors l'appareil, et l'on maintient le tube horizontal afin d'empêcher l'écoulement de l'index.

Fig. 19.

Eh bien, si l'on chauffe fort modérément le ballon, avec l'haleine ou avec la main, cela suffit pour chasser l'index en avant d'une quantité considérable, par l'effet de la dilatation du gaz. Si l'on refroidit le ballon avec quelques gouttes d'eau fraîche, l'index recule, en suivant le gaz qui se contracte. Les gaz éprouvent donc des variations notables de volume, même pour un faible accroissement ou une faible diminution de température. De toutes les substances, ce sont les gaz qui se dilatent et se contractent le plus.

7. Thermomètre. — Puisque l'effet général de la chaleur sur les corps est de les dilater, il est tout naturel de se servir de cette dilatation pour mesurer la chaleur. Soit donc une petite ampoule en verre, qui s'allonge en un tube ou col relativement fort long et d'un calibre très étroit, comparable à celui d'un cheveu. On remplit cette ampoule d'un liquide, et, pour que celui-ci ne puisse jamais se déperdre, on bouche l'extrémité supérieure du col en la fondant à la chaleur d'une lampe. L'instrument ainsi construit peut se comparer à notre appareil de la figure 18; mais il est plus léger et plus sensible à la chaleur. Cet instrument est le thermomètre.

Le liquide renfermé dans son ampoule ou réservoir se dilate par la chaleur et s'élève plus ou moins haut dans le tube, de la même manière que l'eau chauffée s'élevait dans le canal surmontant un ballon de verre. Mais comme le canal thermométrique est extrêmement étroit, l'ascension du liquide y est bien plus apparente que dans notre grossière expérience, parce que, pour une même augmentation de volume, le liquide doit remplir en plus une portion du col d'autant plus longue que ce col est plus étroit.

Le premier liquide venu pourrait servir à faire un thermomètre ; cependant, il y a quelques avantages à n'employer que le mercure et l'alcool. L'alcool ou esprit-de-vin est sans couleur ; quand on l'emploie pour le thermomètre, on le colore en rouge, afin de rendre mieux visible la fine colonne liquide. Quant au mercure, c'est un métal d'un blanc brillant, pareil à celui de l'argent, dont il porte mal à propos le nom dans sa dénomination vulgaire d'argent vif, car il n'a rien de commun avec l'argent lui-même. Le mercure est coulant à la température ordinaire, mais il peut être durci, solidifié par un refroidissement énergique. Le thermomètre à mercure est le plus exact et le plus employé.

8. Graduation du thermomètre à mercure. —On est convenu de prendre, pour points de repère, deux températures faciles à obtenir et invariables : celle de la fusion de la glace et celle de l'ébullition de l'eau. On plonge donc le thermomètre dans de la glace en voie de se fondre ; et, au point où. s'arrête le mercure dans le tube thermométrique, on marque 0. On plonge ensuite l'instrument dans de l'eau bouillante, ou mieux dans sa vapeur, et l'on marque 100 au point qu'atteint le mercure. Enfin l'intervalle compris entre ces deux points de repère est divisé, au compas, en 100 parties égales, qu'on appelle degrés. On prolonge l'échelle thermométrique, tant au-dessus du point de l'eau bouillante qu'au-dessous du point de la glace fondante en portant de part et d'autre, avec le compas, la longueur d'un degré, autant que le permet la longueur du tube. Tantôt les degrés sont gravés sur le tube de verre lui-même, tantôt ils sont inscrits sur une planchette à laquelle le thermomètre est fixé (fig. 20).

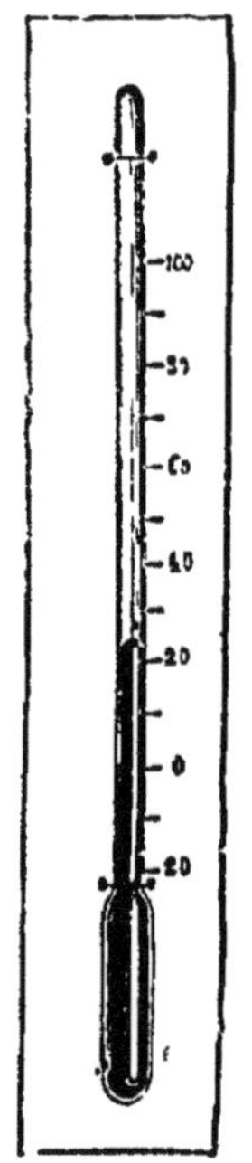

Fig. 20.

9. Principaux points thermométriques. — Voici quelques-uns des points les plus remarquables de l'échelle thermométrique. Le signe °, placé au haut d'un nombre, se lit *degré*. Le signe +, qui se prononce *plus*, veut dire au-dessus du 0 du thermomètre ; le signe —, qui se prononce *moins*, veut dire au-dessous de 0.

— 140 °, température probable des espaces célestes au milieu desquels la Terre se meut. C'est aussi la température la plus basse que l'on sache obtenir artificiellement.

—57°, température la plus basse observée dans les régions les plus froides de la terre.

0°, température à laquelle la glace se fond. C'est aussi à cette température que l'eau se prend en glace

+ 38°, température du corps humain.

+ 54°, température la plus haute observée à l'ombre dans les pays les plus chauds de la terre.

+ 100°, température de l'eau bouillante.

+ 350°, point d'ébullition du mercure

+ 700°, température du fer rouge.

$+$ 1600°, température nécessaire à la fusion des métaux les plus difficiles à fondre.

Au delà de $+$ 350°, le thermomètre à mercure ne peut plus servir, parce que le métal entre en ébullition et casse l'instrument. A plus forte raison ne peut-on se servir, pour des températures élevées, du thermomètre à alcool, qui bout à $+$ 78°. On emploie alors d'autres instruments qu'on appelle *pyromètres*. Pour les températures plus basses que — 40°, point où se solidifie le mercure, on emploie le thermomètre à alcool, qui ne se congèle à aucune température connue.

10. **Le froid.** — En lisant attentivement ce tableau des principales températures, où se trouve le degré du froid le plus violent que l'on ait observé ou que l'on sache artificiellement produire, on se demande peut-être comment il se fait que le thermomètre, construit pour mesurer la chaleur, soit aussi apte à mesurer le froid. Qu'est-ce donc que le froid? Une expérience va nous l'apprendre.

Soit l'eau d'un puits profond, au moment où elle vient d'être tirée. Elle est froide en été, chaude en hiver ; c'est du moins ainsi que nous en jugeons d'après l'impression faite sur nos organes. Mais si, dans cette eau, soit en hiver, soit en été, nous plongeons un thermomètre, l'instrument, essentiellement véridique, accuse, malgré la différence des saisons, une température exactement la même, celle de 10° à peu près pour nos climats. Dans ce conflit, à qui s'en rapporter ; à nos organes ou au thermomètre? Évidemment à ce dernier. En effet, si l'eau du puits conserve en toute saison une température constante, celle de 10° par exemple, tandis que l'air qui nous baigne descend en hiver à 0° et au-dessous, pour monter, en été, à 25° ou 30°, en plongeant la main de l'air à 0° dans cette eau à 10°, celle-ci nous paraîtra relativement chaude ; au contraire, en la plongeant de l'air à 25° dans la même eau à 10°, cette dernière nous paraîtra froide.

Ainsi, une température réellement toujours la même est qualifiée par nous tantôt de chaude, tantôt de froide, suivant les circonstances. Cela étant, le froid n'a pas d'existence propre, ainsi que nous l'avons déjà fait entrevoir. Un corps n'est froid que relativement à un autre corps plus chaud; ou, pour mieux dire, tous les corps sont chauds, seulement à des degrés divers; et nous les qualifions de chauds ou de froids suivant qu'ils sont plus chauds ou moins chauds que nous.

11. Le zéro du thermomètre. —Il ne faut pas, d'autre part, se méprendre sur la dénomination zéro donnée à l'un des points de repère du thermomètre. Quand on dit que la température d'un corps est zéro, cela ne signifie pas que ce corps n'est pas chaud, qu'il ne renferme pas de la chaleur; cela veut dire que ce corps a la même température que la glace au moment de sa fusion. Or la glace fondante possède une certaine dose de chaleur évidemment; elle est plus chaude, par exemple, que la glace qui ne fond pas encore; elle est beaucoup plus chaude que le mercure congelé, dont le contact endolorit et même désorganise les doigts. Ainsi, *zéro* du thermomètre n'est pas synonyme de *rien;* cette notation indique une certaine température, la température de la glace fondante, à partir de laquelle on évalue les autres, plus basses ou plus élevées.

CHAPITRE VII

PRESSION ATMOSPHÉRIQUE. — VENT

1. L'air est pesant. — Comme tout ce qui est matière, l'air est pesant. Pour s'en convaincre, il suffit de peser deux fois un même vase, d'abord plein d'air, puis rigoureusement vide. La première pesée fournit un poids plus fort. Toute la difficulté dans cette opération consiste à enlever l'air du vase. On y parvient au moyen d'une pompe, appelée *machine pneumatique,* qui aspire l'air à peu près comme nous-mêmes l'aspirons, mais bien moins énergiquement, avec la bouche. On trouve ainsi que le poids d'un litre d'air est de 1 gramme 3 décigrammes.

2. Expérience sur la pression de l'air. — Plongeons une carafe dans l'eau d'un baquet, et une fois pleine, soulevons-la, en la tenant par le fond. Nous pouvons alors la sortir presque en entier de l'eau; pourvu que l'orifice reste toujours immergé, l'eau qu'elle contient ne s'écoulera pas. Pour quel motif le contenu de la carafe reste-t-il suspendu au-dessus du niveau extérieur de l'eau? Evidemment, ce contenu tend à descendre, à regagner le niveau de l'eau du baquet; s'il ne le fait pas, il faut que quelque chose le tienne refoulé dans la carafe.

Ce quelque chose, c'est l'air. En effet, puisque l'atmo-

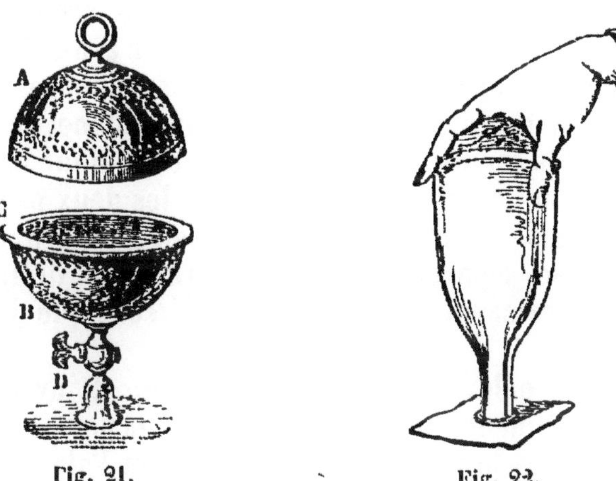

Fig. 21.   Fig. 22.

sphère est composée d'une substance pesante, elle doit peser de tout son poids sur les objets qui y sont plongés; elle doit les presser en dessus, en dessous, à droite, à gauche, en tous sens. Elle presse, en particulier, sur l'eau du baquet; et cette pression, se communiquant jusqu'à l'orifice de la carafe, maintient l'eau de celle-ci suspendue au-dessus du niveau extérieur.

3. Expérience de la carafe renversée. — L'expérience que voici est plus frappante encore. Après avoir entièrement rempli une carafe d'eau, on applique sur l'orifice une rondelle de papier mouillé; et, tout en maintenant cette rondelle en place avec la main, on renverse doucement le vase sens dessus dessous. On peut alors retirer la main qui retenait le papier sans que l'eau s'écoule de la carafe renversée (fig. 22).

C'est encore la poussée ou pression atmosphérique, s'exerçant aussi bien de bas en haut que de haut en bas, qui retient l'eau et s'oppose à son écoulement. Le rôle du papier est d'empêcher l'air de s'insinuer dans la masse liquide, de la diviser, ce qui amènerait aussitôt la fuite de l'eau.

4. Hémisphères de Magdebourg. — Mais laissons l'outillage familier que nous venons d'employer et servons-nous des instruments de la physique. On nomme *hémisphères de Magdebourg* deux calottes en cuivre A et B (figure 21), en forme de moitié de sphère creuse. Un rebord plan C, muni d'une rondelle de cuir graissé, permet d'appliquer exactement les deux hémisphères l'un contre l'autre. Enfin, un canal muni d'un robinet D peut être vissé sur le conduit de la machine pneumatique et sert à retirer l'air de la sphère creuse quand les deux calottes sont assemblées. Avant que le vide soit fait, les deux hémisphères se séparent l'un de l'autre sans difficulté aucune, car, remarquons-le bien, ils ne sont que juxtaposés.

Maintenant, enlevons l'air de l'appareil, et, avant de dévisser l'instrument de dessus le conduit de la pompe pneumatique, fermons le robinet D pour empêcher l'air de rentrer. Cela fait, les deux hémisphères, qui tantôt se séparaient sans la moindre difficulté, opposent à la séparation une résistance énorme. Pour peu que leur surface soit égale à celle d'une grosse orange, l'effort des deux mains est impuissant à les séparer. Du reste, leur résistance est d'autant plus grande qu'ils présentent plus de superficie. Un savant de Magdebourg, Otto de Guéricke, à qui l'on doit l'invention de ce curieux appareil, fit construire des hémisphères assez grands pour résister à la traction de vingt chevaux.

Ce que nous ne pouvons faire de nos deux mains avec les

hémisphères ordinaires des cabinets de physique, ce qu'un attelage de vingt chevaux ne pouvait faire avec les hémisphères d'Otto de Guéricke, se fait sans le moindre effort quand on laisse rentrer l'air dans la sphère creuse en ouvrant le robinet. Et remarquons que, une fois l'air rentré, on pourrait refermer le robinet sans amener d'obstacle à la séparation.

5. Explication des hémisphères de Magdebourg. — Pourquoi les hémisphères, se séparant sans difficulté quand l'appareil est plein d'air, ne peuvent-ils plus se séparer quand l'appareil est vide? — Vide ou pleine, la sphère est toujours pressée au dehors par l'air atmosphérique; elle supporte la pression de la colonne atmosphérique qui la surmonte. Pleine et le robinet ouvert, elle éprouve en outre de dedans en dehors une pression pareille, car la poussée de l'air extérieur se communique sans entrave par l'orifice du robinet. Ces deux pressions inverses et égales s'entre détruisent, et les hémisphères sont sans résistance à la séparation.

Même chose a lieu quand le robinet est fermé et que la sphère est pleine d'air. On ne peut dire alors, il est vrai, que la poussée de l'air extérieur se transmet à l'intérieur de l'instrument, puisque toute communication est fermée. Mais l'air contenu agit par sa force d'expansion : c'est une espèce de ressort tendu qui cherche à se détendre; et il est tendu juste au point qu'il faut pour contre-balancer la pression de l'air extérieur. Aussi les deux hémisphères poussés également de dedans en dehors par la force expansive de l'air contenu, de dehors en dedans par la pression de l'air extérieur, n'obéissent ni à l'une ni à l'autre de ces pressions et se séparent très aisément.

Mais s'il n'y a plus d'air à l'intérieur, la pression du dehors agit seule et maintient les deux calottes solidement fixées l'une à l'autre.

6. La pression atmosphérique s'exerce en tous sens. — Avec les hémisphères de Magdebourg, on peut reconnaître que la pression de l'air s'exerce dans tous les sens indistinctement. De quelque manière, en effet, que l'on tienne l'appareil quand on cherche à séparer les deux calottes, qu'on le tienne d'aplomb, horizontal ou incliné de telle façon que l'on voudra, la séparation reste également difficultueuse : preuve évidente de la pression de l'air de haut en bas, de bas en haut, de droite à gauche, de gauche à droite, dans tous les sens enfin.

7. Crève-vessie. — Sur un fort cylindre de verre ouvert aux deux bouts, A (fig. 23), on dispose une membrane mouillée que l'on fixe solidement avec un cordon. En se desséchant, la membrane se retire et se tend. L'appareil ainsi préparé est mis sur le plateau de la machine pneumatique.

Avant que le vide soit fait dans le cylindre, la membrane est plane. Au dehors, elle supporte la pression de l'atmosphère; au dedans, elle est pressée avec une égale puissance par la force expansive de l'air contenu. De ces deux poussées égales, qui s'annulent mutuellement, rien de sensible ne peut résulter.

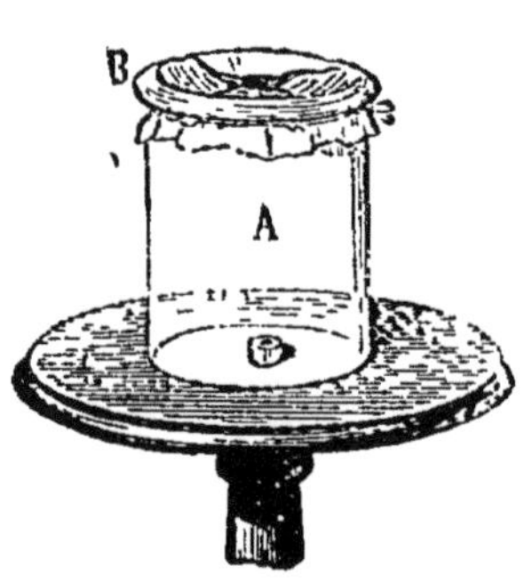

Fig. 23.

Mais enlevons l'air contenu dans le cylindre. Dès que la machine à retirer l'air fonctionne, on voit la membrane céder à la pression extérieure; elle se gonfle en dedans du cylindre, se tend de plus en plus et finit par crever avec fracas. Elle éclate sous l'effort de la pression de l'air extérieur, non contre-balancée par la résistance de l'air intérieur. Quant au bruit accompagnant la rupture, il a pour cause la rentrée violente de l'air dans le cylindre vide.

Si l'on inclinait le plateau de la machine pneumatique de manière que la membrane du crève-vessie, au lieu d'être horizontale, fût verticale ou penchée, ou même renversée sens dessus dessous, la rupture aurait lieu tout aussi aisément. Nouvelle preuve de la pression de l'atmosphère s'exerçant dans tous les sens.

8. Le vent. — Le vent est de l'air qui se déplace; c'est un torrent atmosphérique qui, né d'un manque d'équilibre, se précipite dans de nouvelles régions. Cet écoulement de l'air d'une région de l'atmosphère dans une autre reconnaît pour cause principale l'action de la chaleur solaire. Nous avons vu qu'en s'échauffant l'air se dilate ; il devient donc plus léger et par conséquent s'élève, poussé de bas en haut par l'air froid environnant. Cette ascension de l'air chaud présente une telle importance qu'il ne sera pas de trop, pour bien graver dans notre mémoire ce fait fondamental, d'appeler à notre aide quelques simples expériences.

9. Diverses expériences. — Lorsqu'au-dessus d'un poêle allumé, on secoue un morceau de papier enflammé, on voit les parcelles carbonisées s'élever comme entraînées par un courant. Ce courant est produit par l'air qui s'échauffe au contact du poêle, devient plus léger et monte.

C'est encore l'air chaud ascendant qui fait tourner les spirales de papier suspendues sur une pointe au-dessus d'un poêle ; c'est par lui que la fumée est entraînée dans le conduit d'une cheminée. Mais de tous les exemples que l'on pourrait choisir, le plus remarquable est le suivant :

En hiver, ouvrons la porte qui fait communiquer un appartement chauffé avec un autre qui ne l'est pas ; et présentons une bougie allumée, tantôt au haut de l'ouverture, tantôt au bas. Dans le premier cas, nous verrons la flamme de la bougie se diriger de l'appartement chauffé vers l'appartement froid ; dans le second cas, ce sera le contraire : la flamme se dirigera de l'appartement froid vers celui qui est chaud.

Cette double direction de la flamme, en sens diamétralement opposés, accuse deux courants : l'un, d'air chaud, à la partie supérieure de la porte, où la flamme est chassée de l'appartement chauffé vers celui qui ne l'est pas ; et l'autre, d'air froid, à la partie inférieure de la porte, où la flamme se dirige de l'appartement froid vers celui qui est chaud.

10. Formation du vent. — L'air ne s'échauffe que très

difficilement par l'action directe des rayons du soleil; c'est ce que prouve la faible température des hautes régions de l'atmosphère. Il s'échauffe très bien, au contraire, au contact des corps terrestres, qui lui cèdent une partie de leur chaleur, et surtout au contact du sol, fortement échauffé lui-même par le soleil. Devenu plus léger, l'air chaud quitte le sol et s'élève dans l'atmosphère, tandis que l'air froid des contrées voisines accourt prendre sa place.

Il se produit ainsi un double courant : l'un supérieur, allant de la contrée chaude à la contrée froide; l'autre inférieur, dirigé de la contrée froide à la contrée chaude. C'est en tout pareil à ce qui se passe quand on ouvre la porte de communication de deux appartements, et qu'on met en rapport l'air chaud de l'un avec l'air froid de l'autre.

Il n'est pas rare de pouvoir constater, à l'aide des nuages, la marche inverse des deux courants atmosphériques. On voit, en effet, les nuages des régions élevées se diriger dans un sens, et ceux des régions inférieures se diriger dans l'autre. Des deux écoulements en sens inverse de l'air, celui qui s'effectue à la surface du sol nous intéresse le plus, parce qu'il est en rapport direct avec nous. Dans ce qui va suivre, il ne sera donc question que du courant inférieur.

11. Brise. — Sur toutes les côtes maritimes règne un vent remarquable par sa régularité, et qui, suivant l'heure de la journée, souffle de la mer à la terre, ou de la terre à la mer. On lui donne le nom de *brise*.

Le matin, vers les huit ou neuf heures, l'air commence à s'animer d'un léger frémissement. Presque insensible au début, ce frémissement se propage, s'accroît et devient bientôt un souffle assez fort qui part du large, à une grande distance des côtes, et verse sur la terre l'air frais de la mer. Ce souffle est la *brise de mer*. Sa force et son étendue augmentent à mesure que s'élève la chaleur du jour, de sorte que la terre reçoit l'air frais de la mer avec d'autant plus d'abondance que la température s'élève davantage. Vers trois heures de l'après-midi, la brise a acquis toute sa force. A partir de ce moment, elle faiblit à mesure que la température baisse; et, au coucher du soleil, l'air redevient calme pour quelques heures. Les navires à voiles profitent de ce vent, qui chaque jour souffle de la mer à la terre, pour se rapprocher des côtes et entrer dans le port.

Après le calme survenu au coucher du soleil, un nouveau mouvement se manifeste dans l'air, mais en sens inverse du précédent. Le vent souffle alors de la terre à la mer. Toute la nuit, il gagne en force jusqu'au lever du soleil; puis il s'affaiblit et cesse quand la chaleur du jour commence à se faire sentir. C'est à la faveur de ce vent, nommé *brise de terre*, que les navires à voiles sortent du port.

12. Inégale faculté des corps à s'échauffer. — Pour nous rendre compte de la brise, quelques documents nous manquent, dont nous allons maintenant nous informer. En exposant en même temps aux rayons du soleil une plaque de fer non polie et une assiette pleine d'eau, on reconnaît bientôt, par le toucher, que le fer a acquis une chaleur élevée, presque insupportable en été, tandis que l'eau s'est à peine échauffée. Cette expérience, répétée avec des matières de toute nature, apprend que les substances rugueuses, inégales à leur surface et de couleur sombre, s'échauffent au soleil avec une grande facilité, comme le fait la plaque de notre exemple. Elle apprend enfin que les substances dont la surface est polie, brillante et de couleur claire, ne s'échauffent que difficilement. C'est ainsi que se comporte l'eau exposée au soleil.

D'un autre côté, les mêmes substances qui s'échauffent avec le plus de facilité sont aussi celles qui se refroidissent le plus rapidement. Ainsi, de deux vases en fer-blanc pleins d'eau également chaude et dont l'un serait tout noirci de fumée à l'extérieur tandis que l'autre aurait tout son brillant, c'est le premier qui serait le plus tôt refroidi.

13. Explication de la brise. — Ce double résultat nous donne l'explication de la brise. Nous avons, en effet, à considérer, d'une part, la mer, avec sa surface limpide, polie, miroitante, d'autre part, la terre ferme, avec ses rochers, ses sables, ses champs cultivés, toutes choses de couleur sombre et de surface rugueuse.

Pendant le jour, sous l'action des rayons solaires, la terre ferme s'échauffe plus que la mer; mais aussi, pendant la nuit, elle se refroidit davantage. D'après cela, pendant le jour, l'air chaud qui s'élève de la terre doit être remplacé par l'air plus froid de la mer. C'est ce qui produit la brise de mer. Pendant la nuit, c'est la mer qui, se refroidissant moins vite, est couverte par l'air le plus chaud. Alors l'air de la mer doit s'élever pour faire place à l'air plus froid des côtes voisines. Telle est la cause de la brise de terre.

14. Vent produit par une forte pluie. — Enfin le vent peut avoir pour cause la précipitation de la pluie. Nous savons qu'à la suite d'un refroidissement convenable, la vapeur disséminée dans l'air redevient liquide et se précipite sur la terre en gouttes de pluie. L'étendue atmosphérique qui prend part à la formation d'une pluie est excessivement grande, car, pour produire un litre d'eau, il faut en moyenne cinquante mille litres de vapeur telle qu'elle se trouve dans l'air.

Supposons donc une pluie très forte, tombant sur une vaste étendue de pays, et capable en une heure, si le sol ne la buvait pas, de couvrir cette étendue d'une couche de quatre centimètres d'épaisseur. Cette couche d'eau provient d'une masse de vapeur cinquante mille fois plus épaisse, c'est-à-dire haute de 2000 mètres.

Une pareille masse de vapeur, d'une demi-lieue d'épaisseur sur une étendue qui peut embrasser des provinces entières, amène un vide immense dans l'atmosphère en disparaissant par sa résolution en pluie. Aussitôt l'air des contrées voisines accourt combler ce vide en produisant des vents d'une violence extrême. Dans les climats les plus chauds de la terre, à la suite de pluies torrentielles, la force du vent est parfois irrésistible. Les arbres sont brisés ou couchés à terre comme de simples roseaux; la toiture des maisons est enlevée, des habitations sont même rasées ; les canons montés sur leurs affûts sont renversés, et les piles de boulets, dispersées. Aux Antilles et dans les Indes, on appelle *ouragans* les coups de vent qui atteignent cette redoutable impétuosité.

15. Vitesse du vent. — La distance parcourue par seconde est de 1 à 5 mètres pour les vents faibles ; de 5 à 15 mètres pour les vents forts ; de 15 à 30 mètres pour les vents capables de déraciner les arbres, et de 50 mètres au plus pour les ouragans qui renversent les habitations. Pour déterminer la vitesse du vent, le moyen le plus simple consiste à abandonner à l'air un corps léger que le courant emporte. On compte le nombre de secondes que ce corps met à franchir une distance connue. Une simple division donne alors la vitesse du vent, ou la distance parcourue en une seconde.

CHAPITRE VIII

ORAGES. — FOUDRE

1. Orage. — Il fait un *orage* lorsque le tonnerre, la foudre, l'éclair, accompagnent une pluie abondante. Alors, le plus souvent, souffle un vent impétueux, parfois aussi survient une chute de grêle. Quel imposant spectacle que celui d'un ciel orageux, lorsqu'au sein des nuées flamboie le trait éblouissant de la foudre, et que l'étendue retentit du fracas de l'explosion ! Qui ne se demande alors : Qu'est-ce que le tonnerre ? Qu'est-ce que la foudre ? D'où provient ce trait de feu qui tout à coup serpente à travers les nuages et produit l'éblouissante lueur de l'éclair ? C'est à ces questions que nous allons donner réponse.

2. L'électricité. — L'air n'est pas visible, on ne peut le saisir ; s'il était toujours en repos, difficilement on en soupçonnerait l'existence. Mais quand un vent violent courbe les hauts peupliers et fait tourbillonner les feuilles, quand il déracine les arbres et enlève la toiture des habitations, qui peut douter de l'existence de l'air? car le vent n'est autre chose que de l'air coulant avec force d'une région dans une autre. L'air, si subtil, si caché à nos regards, si paisible au repos, est donc fort bien une chose matérielle, une chose même très brutale quand elle se meut violemment.

Ainsi une substance peut exister dont rien parfois ne trahit la présence. Nous ne la voyons pas, nous ne la touchons pas, nous ne la sentons pas, et cependant elle est là, partout; nous en sommes entourés, nous vivons au milieu d'elle.

Eh bien! il y a une chose encore plus cachée que l'air, plus invisible que lui, plus difficile à soupçonner. Elle est partout, absolument partout, même en nous; mais elle s'y tient si tranquille, que jusqu'ici peut-être beaucoup d'entre nous n'en ont pas entendu parler. Servons-nous des moyens que la science emploie pour la faire apparaître.

3. Le bâton de cire d'Espagne. — Prenons un bâton de cire d'Espagne et frottons-le vivement sur du drap, puis approchons-le d'une mince parcelle de papier. Voici que le papier s'élance et vient se coller à la cire d'Espagne. Chaque fois que l'on recommence, le papier se soulève seul, part et va se coller contre le bâton.

Le morceau de cire d'Espagne, qui tantôt n'attirait pas le papier, l'attire maintenant. Le frottement sur le drap a donc développé en lui quelque chose qu'on ne peut voir, car le bâton n'a en rien changé d'aspect; et cette chose invisible n'est pas moins très réelle puisqu'elle soulève le papier, l'attire sur la cire et l'y maintient collé. On lui donne le nom d'*électricité*.

Nous pouvons aisément la faire apparaître en frottant contre du drap soit du verre, soit un bâton de soufre, soit de la résine, soit de la cire d'Espagne. Toutes ces matières, et beaucoup d'autres, une fois frottées, auront la propriété d'attirer à elles les objets très légers, comme de menus morceaux de paille, des parcelles de papier, des grains de poussière.

4. La bande de papier. — On plie en deux, dans le sens de sa longueur, pour lui donner plus de force, une feuille de papier ordinaire, puis on saisit la bande par chaque extrémité. On la chauffe alors aussi fortement que possible, mais sans la brûler bien entendu, au-dessus d'un poêle ou devant un foyer ardent. Une âpre soirée d'hiver, quand l'air est très sec et que la bise souffle, est le moment le plus propice pour cette belle expérience. Tenant toujours la bande rien que par les extrémités, on la frotte vivement, dès qu'elle est bien chaude, sur une étoffe de laine préalablement chauffée et tendue sur le genou. La friction doit se faire avec rapidité, dans le sens de la longueur.

Après une courte friction, la bande est brusquement soulevée d'une main, en ayant bien soin de ne pas laisser le papier toucher contre aucun objet, sinon l'électricité se dissiperait. Alors, sans tarder, on approche du centre de la bande l'articulation d'un doigt de la main libre, ou mieux le bout d'une clef; et l'on voit s'élancer entre le papier et la clef, avec un léger pétillement, une brillante étincelle. Pour en obtenir de nouvelles, il faut chaque fois recommencer les mêmes opérations; car, à l'approche du doigt ou de la clef, la feuille de papier perd son électricité.

Au lieu de faire jaillir l'étincelle, on peut présenter à plat la bande électrisée au-dessus de petites parcelles de papier, de menus débris de paille, de fragments de barbe de plume. Ces corps légers sont attirés et repoussés tour à tour; ils vont et viennent rapidement de la bande électrisée à l'objet qui leur sert de support, et de celui-ci à la bande.

On peut encore présenter le papier électrisé au-dessus de la tête nue d'une personne. Les cheveux, attirés, se dressent et se hérissent. Enfin si la bande est approchée du visage, on sent une légère impression comparable à celle que fait éprouver le contact d'une fine toile d'araignée.

5. La fourrure du chat. — Lorsque le temps est bien sec et vif, passons la main sur la fourrure du chat sommeillant au coin du feu, nous verrons la fourrure de la bête ruisseler de perles lumineuses; de petits éclairs d'une lueur blanche apparaîtront, pétillant et disparaissant à mesure que la main frictionnera. C'est encore de l'électricité que fournit le poil doux et sec du chat.

6. Corps bons conducteurs de l'électricité et corps mauvais conducteurs. — Tous les corps, quels qu'ils soient, peuvent, étant frottés, s'électriser comme le font le verre, le papier, la cire d'Espagne, la résine; mais les uns permettent à l'électricité de se propager rapidement et de s'écouler dans le sol à mesure qu'elle se produit, tandis que les autres la conservent, la retiennent captive, et l'empêchent de se dissiper dans le sol. Il y a donc pour l'électricité des corps *bons conducteurs* et des corps *mauvais conducteurs*. Dans les premiers, l'électricité circule avec une extrême rapidité; dans les seconds, elle reste stationnaire au point où elle s'est développée. Les premiers permettent à l'électricité de se dissiper aussitôt, en se distribuant, se perdant dans le sol; les seconds la conservent plus ou moins longtemps.

Les matières qui conduisent bien l'électricité sont d'abord les métaux, puis le charbon, les liquides, l'eau en particulier. Le corps de l'homme et celui des animaux sont aussi de bons conducteurs. Les matières qui la conduisent mal sont le verre, le soufre, la résine, la cire d'Espagne, la soie, l'air atmosphérique quand il est sec.

7. Comment s'électrise un corps bon conducteur. — Un bon conducteur, un morceau de métal par exemple, s'il est frotté sans précaution ne peut jamais s'électriser, parce que, à mesure qu'elle se développe, l'électricité se propage dans la main, le bras, le corps de l'opérateur, et de là se perd dans la terre. Mais, s'il est emmanché à l'extrémité d'un mauvais conducteur, par exemple au bout d'une tige de verre qui barre le passage à l'électricité, il s'électrise fort bien et donne des étincelles.

Le verre, le soufre, la résine et tous les corps mauvais conducteurs s'électrisent au contraire directement, parce que l'électricité développée en un point s'y conserve sans pouvoir se transporter ailleurs. La charge électrique est même retenue avec tant d'énergie par ces diverses substances qu'à moins d'être très forte, elle ne jaillit pas en étincelle à l'approche du doigt.

Le papier tient un rang intermédiaire entre la trop grande conductibilité des métaux et la trop faible conductibilité du verre. Aussi se laisse-t-il électriser, quoique tenu directement à la main, et permet-il à l'étincelle de jaillir quand le doigt est présenté à la partie frottée. Si pour réussir dans l'expérience avec la bande de papier, il faut chauffer cette bande avec tant de soin, c'est pour en chasser la moindre trace d'humidité, qui lui laisserait trop de conductibilité et rendrait l'électrisation impossible.

8. **Effets de l'électricité.** — Une faible étincelle, comme celles que nous savons faire jaillir du papier, ne produit sur nous qu'un effet à peine sensible. Tout au plus éprouvons-nous, au point atteint, un léger picotement. Mais la physique dispose d'appareils puissants qui lui permettent d'obtenir par le frottement du verre de l'électricité en abondance ; elle dispose en particulier de la *machine électrique*. On reconnaît alors que le choc électrique est pénible et peut devenir dangereux, mortel même. Si l'on est atteint par une étincelle un peu forte, on éprouve, surtout aux articulations, une brusque secousse qui fait tressaillir. Avec une étincelle plus forte encore, tout le corps est saisi d'un ébranlement soudain si brutal, qu'on est terrassé par la commotion. A ce degré de force, l'électricité est dangereuse ; plus loin, elle serait mortelle.

L'électricité se transmet dans les bons conducteurs avec une rapidité sans égale. Pour parcourir d'un bout à l'autre un fil de cuivre qui s'enroulerait une douzaine de fois autour du globe terrestre, elle ne mettrait qu'une seconde. Dans la télégraphie électrique se trouve une merveilleuse application de cette inconcevable rapidité.

L'étincelle électrique met feu aux matières inflammables ; elle brise, déchire, faire voler en éclats les corps mauvais conducteurs, comme le bois et la pierre ; elle échauffe les fils métalliques qu'elle traverse ; elle peut même les faire rougir, les fondre et les réduire en vapeurs s'ils sont courts et fins.

9. Deux espèces d'électricité. — Des observations, dans le détail desquelles nous n'entrerons pas, établissent qu'il y a deux espèces d'électricité. L'une est appelée *vitrée* et l'autre *résineuse*. La première est identique à celle que le frottement développe sur le verre; la seconde à celle que le frottement fait apparaître sur la résine.

Ces deux électricités existent dans tous les corps, associées en quantités égales. Tant qu'elles sont réunies, rien n'en trahit la présence; elles sont comme si elles n'existaient pas. Mais, une fois séparées, elles se recherchent à travers tous les obstacles, s'attirent et se précipitent au-devant l'une de l'autre avec explosion et jet de lumière. Puis tout rentre dans un complet repos, jusqu'à ce que la séparation des deux principes électriques ait lieu de nouveau. Les deux électricités se complètent donc mutuellement et se *neutralisent*, c'est-à-dire forment quelque chose d'invisible, d'inoffensif, d'inerte, qu'on trouve partout et qu'on nomme *électricité neutre*.

Électriser un corps, c'est en décomposer l'électricité neutre, en désunir les deux principes électriques, qui, mélangés, ne produisaient rien, mais qui, séparés l'un de l'autre, apparaissent avec les plus curieuses propriétés. Le frottement est un moyen d'effectuer cette séparation : le corps frotté prend une espèce d'électricité, le corps frottant prend l'autre, et chacun d'eux se trouve ainsi électrisé, mais différemment. Dans notre expérience de la feuille de papier, celle-ci prend l'électricité vitrée; et le vêtement en drap sur lequel on la frotte, prend l'électricité résineuse. Cette dernière électricité se dissipe à l'instant dans le sol, parce qu'elle se trouve sur un corps bon conducteur.

10. Expérience sur le développement simultané des deux espèces d'électricité. — La plus frappante des expériences que l'on puisse faire sur le développement simultané des deux genres d'électricité est la suivante. Deux personnes montent chacune sur un tabouret isolant, c'est-à-dire sur un tabouret dont les pieds sont en verre. Ces supports de verre ont pour but, étant mauvais conducteurs, d'empêcher l'électricité de se déperdre dans le sol. L'une des personnes frappe l'autre avec une peau de chat. Les deux électricités apparaissent à la fois : la personne frappée a l'électricité vitrée, la personne qui frappe a l'électricité résineuse. Si l'air est bien sec, ainsi que la peau de chat, si les tabourets isolent bien, la charge électrique sur chacune des deux personnes est suffisante pour donner des étincelles à l'approche du doigt.

11. Cause de l'étincelle électrique. — Dès qu'un objet est chargé de l'une des deux électricités, résineuse ou vitrée, peu importe, l'électricité de nom contraire se développe à l'instant sur les objets suffisamment rapprochés, à la condition qu'ils soient bons conducteurs et en rapport avec le sol. C'est ce qu'on appelle *électrisation par influence*. Ainsi, par exemple, quand on présente le doigt à la feuille de papier que le frottement a chargée d'électricité vitrée, il se développe aussitôt dans le doigt, bon conducteur communiquant avec le sol, une charge égale d'électricité résineuse. Si la distance entre le doigt et la feuille de papier est assez petite, les deux électricités de noms contraires s'élancent violemment à la rencontre l'une de l'autre et produisent l'étincelle en se mélangeant. Cela fait, ni le doigt, ni le papier n'ont plus la moindre trace d'électricité. La cause de l'étincelle part donc tout à la fois et du papier et du doigt.

On arriverait au même résultat en approchant de la feuille électrisée un objet quelconque bon conducteur, une clef par exemple : une étincelle jaillirait, fournie, moitié par la feuille, moitié par la clef. Mais en se servant d'un objet mauvais conducteur, d'un bâton de cire d'Espagne ou d'une baguette de verre, l'électrisation par influence de l'objet présenté n'aurait pas lieu; et l'électricité de nom contraire n'apparaissant pas, l'étincelle ne pourrait jaillir.

12. Electricité atmosphérique. — Le frottement est loin d'être la seule cause capable de développer de l'électricité. Toute modification survenant dans la nature intime d'un corps en développe aussi. Or, de toutes les modifications sans cesse effectuées dans les diverses substances de notre globe, une des plus importantes, à cause de son immense étendue, est celle qui consiste dans le passage des eaux de la surface des mers à l'état de vapeurs sous l'influence de la chaleur solaire. L'évaporation amène le dédoublement en ses deux principes de l'électricité neutre des eaux. De là résultent plus tard des nuages électrisés eux-mêmes tantôt de l'une, tantôt de l'autre manière.

13. La foudre. — Lorsque deux nuages électrisés différemment viennent à se trouver en présence, aussitôt les deux électricités contraires accourent pour se recombiner, et jaillissent avec fracas dans l'intervalle séparant les deux nuages, sous forme d'un sillon de feu, qui jette une vive et soudaine lueur. Cette lueur, c'est l'*éclair;* ce sillon de feu, c'est la *foudre;* enfin le bruit éclatant qui résulte de l'explosion, c'est ce roulement formidable qu'on appelle le *tonnerre.*

La foudre peut jaillir encore entre un nuage orageux et la terre. En effet, lorsqu'un nuage orageux passe à une faible hauteur, il détermine dans le sol, par son influence, l'apparition de l'électricité contraire, de même que le fait un objet électrisé dans le doigt qu'on lui présente. Pour se rapprocher du nuage qui l'attire, cette électricité gagne les points les plus saillants du sol, comme la cime d'un arbre, le sommet d'un édifice élevé, et s'y accumule jusqu'à ce que, l'électricité du nuage venant à sa rencontre, il se produise, par leur brusque mélange, un trait de feu qui foudroie l'arbre ou l'édifice.

La foudre est donc une immense étincelle électrique éclatant entre deux nuages, ou entre un nuage et la terre différemment électrisés; le tonnerre est le bruit de l'explosion des deux électricités qui se recombinent. La plupart ne connaissent de la foudre que la subite illumination qu'elle produit. Pour voir la foudre elle-même, il faut vaincre une frayeur que rien ne motive et regarder attentivement les nuées centre de l'orage. D'un moment à l'autre, on voit alors serpenter un trait éblouissant, simple ou ramifié, et d'une forme sinueuse des plus irré·

gulières. La durée de cette splendide apparition n'est que d'un instant inappréciable.

14. Le tonnerre. — Quand une étincelle jaillit de l'un de nos appareils imaginés pour obtenir de l'électricité, même de notre modeste feuille de papier, on entend un pétillement sec, qui représente en petit le tonnerre, comme l'étincelle représente elle-même la foudre et l'éclair. Le tonnerre n'est donc, nous venons déjà de le dire, que le bruit produit par l'explosion électrique. Pour les personnes voisines du lieu de l'explosion, ce bruit est une détonation de courte durée, mais si brusque, si puissante, que nul ne peut l'entendre sans tressaillir. Pour les personnes qui en sont éloignées, c'est un roulement qui gronde, s'enfle, éclate, semble s'apaiser, puis reprend, éclate encore à diverses reprises, et meurt enfin dans l'éloignement. Ces roulements successifs viennent en partie de l'écho produit par les nuées voisines, le sol et surtout les montagnes. Dans les pays montueux, en effet, les éclats du tonnerre, roulant d'une montagne à l'autre, acquièrent un caractère de grandeur qu'ils n'ont pas dans la plaine.

15. Effets de la foudre. — La foudre renverse, brise, déchire les corps mauvais conducteurs. Elle fait voler les rochers en éclats, et en projette les fragments à distance; elle enlève les toitures de nos habitations; elle fend le tronc des arbres et en déchire le bois en menus filaments; elle renverse les murs, ou même les arrache de leurs fondations.

Elle rougit, fond ou volatilise les corps bons conducteurs, comme les chaînes métalliques, les fils de fer des sonnettes, les dorures des cadres. C'est du reste sur les objets métalliques, c'est-à-dire sur les meilleurs conducteurs, qu'elle se porte de préférence. On a des exemples de coups de foudre réduisant en fumée, sur des personnes restées sauves, les divers objets métalliques qui se trouvaient sur elles, galons dorés, boutons en métal, pièces de monnaie. Enfin, elle enflamme les amas de matières combustibles, comme les tas de paille, les meules de fourrage sec. Aux points atteints par la foudre, on ne trouve rien de ce qu'on dit vulgairement. Les prétendues pierres du tonnerre, le soufre enflammé laissé par la foudre, n'ont aucune réalité. La foudre ne laisse d'autres traces de son passage que les dégâts qu'elle produit, et une assez forte odeur rappelant celle qui se fait sentir dans le voisinage d'une machine électrique qui fonctionne. Cette odeur a quelque chose de sulfureux et a pour origine l'air électrisé.

16. **Personnes foudroyées.** — Tantôt la personne atteinte par la foudre porte des traces plus ou moins profondes de brûlure ; tantôt, au contraire, elle n'a aucune blessure apparente, aucune meurtrissure, même des plus légères. La mort ne provient donc pas des blessures que la foudre peut faire, mais bien de la commotion brutale qu'elle imprime à l'organisation. D'autres fois, la mort n'est qu'apparente ; la commotion électrique suspend simplement l'exercice des fonctions fondamentales de la vie, la circulation du sang et la respiration. D'autres fois, enfin, la commotion électrique frappe de paralysie plus ou moins complète quelque partie du corps, ou bien ne provoque qu'un désordre passager, se dissipant de lui-même en peu de temps.

17. **Danger d'être atteint par la foudre.** — Pendant un orage, le danger d'être atteint par la foudre est tellement faible, qu'il est déraisonnable de s'en préoccuper, à moins de se trouver en des lieux particulièrement exposés. Des relevés faits par un illustre savant, par Arago, établissent que, dans la ville la plus populeuse, à Paris, on est exposé, en passant dans les rues, à un péril plus grand que celui dont nous menace la foudre. On y compte, en effet, plus de personnes écrasées par la chute d'une cheminée ou d'un vase à fleurs tombant d'une fenêtre, que de personnes foudroyées. Quel est celui cependant qui se préoccupe de la chute probable d'une cheminée sur sa tête ; quel est celui qui n'ose sortir, crainte d'être atteint par un pot à fleurs ? On ne se doute pas que ce danger existe, tant sont rares les accidents qu'il amène.

TABLE DES MATIÈRES

FIN DE LA TABLE DES MATIÈRES

7046-90 — Corbeil, Imprimerie Crété.

Le danger d'être foudroyé étant encore moindre, on ne devrait pas s'en préoccuper davantage.

18. Danger de se réfugier sous un arbre pendant un orage. — Trop de sécurité pourtant pourrait nous être fatal dans certaines circonstances. Il ne faut pas perdre de vue que la foudre frappe de préférence les points les plus saillants du sol, parce que c'est là que l'électricité de nom contraire se porte en plus grande abondance, pour se rapprocher du nuage orageux qui l'attire. Les édifices élevés, les tours, les clochers sont, dans les villes, les points les plus exposés au feu du ciel.

En rase campagne, il serait très imprudent, pendant un orage, de chercher un refuge contre la pluie sous un arbre, surtout s'il est grand et isolé. Si la foudre doit tomber aux environs, ce sera certainement sur cet arbre, qui forme le seul point culminant du sol, et qui, mouillé par les eaux pluviales, constitue un bon conducteur, très favorable à l'écoulement de l'électricité. Les tristes exemples de personnes foudroyées qu'on déplore chaque année se rapportent, en majeure partie, à de malheureux imprudents, abrités de la pluie sous de grands arbres.

CHAPITRE IX

LE SOLEIL, SOURCE DE CHALEUR ET DE LUMIÈRE

1. Distance du Soleil. — Qu'est-ce que le Soleil? Est-il bien grand, est-il bien loin? Voilà, certes, de belles questions, auxquelles nul ne peut être indifférent.

Pour mesurer la distance d'un point à un autre, nous ne connaissons généralement qu'un moyen : celui de porter l'unité de longueur, le mètre, d'un bout à l'autre de la distance à mesurer, autant de fois que cela est possible. Mais la géométrie enseigne des procédés propres à mesurer les distances qu'on ne peut parcourir; elle nous dit comment il faut faire pour trouver la hauteur d'une tour ou d'une montagne, sans en atteindre le sommet, sans même approcher de la base. Ce sont des moyens pareils que l'astronomie a employés pour calculer la distance qui nous sépare du Soleil. Le résultat de ses calculs est que nous sommes éloignés du Soleil de 38 millions de lieues de 4000 mètres chacune. Traduisons ce nombre en idées plus simples pour en comprendre un peu l'énorme signification.

2. **Le piéton.** — Un homme bon marcheur, qui voudrait faire à pied un voyage un peu long, aurait beaucoup de peine à faire ses dix lieues par jour. Peu résisteraient à cette marche forcée, longtemps prolongée sans interruption. Eh bien, imaginons que ce marcheur soit infatigable; que chaque jour il parcoure ses dix lieues, sans prendre un seul jour de repos. Quel temps mettrait-il à parcourir la distance d'ici au Soleil, en supposant que le parcours fût possible?

Il mettrait, l'arithmétique le dit, il mettrait plus de dix mille ans. La plus longue vie humaine est incomparablement trop courte pour qu'un voyage de cette longueur soit jamais accompli par un seul; et cent générations de cent années chacune, se succédant dans le trajet et réunissant leurs efforts, n'y suffiraient même pas.

3. **La locomotive.** — Et la locomotive, ce chef-d'œuvre de la mécanique industrielle, quel temps mettrait-elle à franchir cette distance? Chacun l'a vue passer sur la voie ferrée, traînant à sa suite, avec une vitesse vertigineuse, sa longue file de wagons. Imaginons que cette locomotive ne s'arrête jamais, et possède une vitesse qu'on ne lui donne que rarement, celle de quinze lieues à l'heure; lancée avec cette vitesse, la machine se transporterait en moins d'une journée d'un bout à l'autre de la France; et cependant, pour franchir la distance de la Terre au Soleil, elle mettrait près de trois siècles, plus exactement 289 ans. Pour un pareil trajet, la rapide locomotive ne serait

donc guère qu'un lourd colimaçon à qui l'ambition viendrait de faire le tour de la Terre.

4. Volume du Soleil. — Pour celui qui s'en rapporte au témoignage seul de la vue, le Soleil n'est qu'un disque éblouissant, comparable à une petite meule de fer chauffée à blanc. Il y a là une double erreur causée par la distance à laquelle l'astre se trouve. D'abord, le Soleil n'est pas plat comme une meule, mais il a la forme d'une boule, d'une sphère. Ensuite, il est bien plus grand qu'une meule, serait-ce celle d'un moulin.

Les objets nous paraissent d'autant plus petits qu'ils sont plus éloignés, et finissent même par devenir invisibles. Une haute montagne vue de loin ne semble qu'une médiocre colline; il en est de même du Soleil : il ne paraît si petit que parce qu'il est très éloigné; et comme son éloignement est prodigieux, il faut que sa grosseur soit excessive; sinon, bien loin d'apparaître à nos regards comme une meule éblouissante, il cesserait d'être visible pour nous.

5. Comparaison avec la Terre. — Il nous arrive, en parlant d'un objet très grand de dire : grand comme une montagne; et nous croyons, au moyen de cette expression, atteindre l'extrême limite des grandeurs. Mais examinons ce que devient l'imposante masse d'une montagne quand on la compare avec celle de la Terre entière.

La Terre est une sphère de 10 000 lieues de tour, un globe isolé de toutes parts dans l'espace. Représentons ce globe par une grosse boule de notre hauteur; puis, sur cette boule, supposons quelques éminences propres à figurer les montagnes qui hérissent la surface de la Terre. Laissons de côté les collines les plus élevées que nous pouvons connaître, et portons immédiatement notre attention sur la montagne la plus remarquable de l'Europe, sur le mont Blanc, qui dresse à 4800 mètres de hauteur son dôme toujours blanchi de neige. L'escalade de ce colosse de granit est une des plus rudes entreprises que l'on puisse se proposer; souvent, avant d'en atteindre le sommet, les plus vaillants manquent de forces et de courage.

Or, pour figurer le mont Blanc sur la grosse boule que nous avons supposé représenter la Terre, il faudrait un tout petit grain de sable qui se perdrait entre nos doigts.

Voici des nombres exacts. La plus haute montagne de la Terre se trouve vers le centre de l'Asie ; elle a 8840 mètres de haut. Pour la représenter sur un globe d'un mètre et demi de hauteur, il faudrait un grain de sable d'un millimètre de relief. La Terre est donc tellement grande, que la montagne la plus considérable n'est, par rapport à elle, qu'un grain de sable insignifiant perdu à la surface d'un globe d'un mètre et demi de diamètre.

Malgré ses énormes dimensions, la Terre est à son tour bien peu de chose quand on la compare au Soleil. Si le centre de l'astre venait occuper le point de l'espace où se trouve la Terre, le colosse engloberait celle-ci, perdue imperceptible dans l'immensité de ses flancs ; et sa surface, dépassant la région où la Lune se trouve, s'étendrait encore presque autant par delà. Le Soleil, à lui seul, remplirait donc l'espace situé tout autour de nous jusqu'à une distance presque double de celle qui nous sépare de la Lune. Pour combler la même étendue, il faudrait un million quatre cent mille globes comme la Terre. En somme, le Soleil est 1 400 000 fois plus gros que la Terre.

6. Le grain de blé et les quatorze décalitres. — Des diverses comparaisons que l'on pourrait faire entre le volume du Soleil et celui de la Terre, la suivante est celle qui saisit le plus l'esprit.

Pour remplir la mesure de capacité nommée le litre, il faut 10 000 grains de froment environ. Il en faudrait donc 100 000 pour remplir 1 décalitre et 1 400 000 pour remplir 14 décalitres. Eh bien ! supposons en un seul tas 14 décalitres de blé, environ trois sacs, et à côté, un seul grain de blé. Ce grain isolé représentera la Terre ; le tas de 14 décalitres représentera le Soleil.

7. Constitution du Soleil. — Si nos connaissances relatives au volume et à la distance du Soleil ont toute l'exactitude désirable, nous ne possédons encore que des données incomplètes sur la constitution de l'astre. L'étude approfondie de la lumière qu'il nous envoie peut seule nous donner quelques notions sur ce grandiose sujet, et voici ce qu'elle nous apprend.

Le Soleil se compose d'un globe central de matières tenues en fusion par une chaleur excessive, avec laquelle la plus violente que nous sachions produire ne peut entrer en comparaison. Autour de ce noyau resplendissant s'enroule une enveloppe gazeuse d'une épaisseur immense, une sorte d'atmosphère de substances pareilles pour la plupart à celles qui nous sont connues sur la Terre, mais volatilisées par la chaleur. Ce n'est plus ici, comme pour le globe terrestre, une coupole bleue d'air où flottent les nuages déversant la pluie; c'est une enveloppe de flammes sillonnée d'éblouissantes fulgurations, un prodigieux entassement de vapeurs métalliques embrasées, qui retombent en averses de métaux fondus, se volatilisent encore et reproduisent indéfiniment leurs formidables cataractes.

8. Chaleur et lumière. — Or, de ce brasier souverain rayonnent sans repos la chaleur et la lumière, qui vont, en tous sens, dans les profondeurs de l'espace, illuminer et réchauffer la Terre et les autres planètes, corps plus ou moins semblables à la Terre et circulant comme elle autour du Soleil.

Approximativement, on a pu mesurer la quantité de chaleur fournie par le Soleil. Chaque mètre carré de la surface de l'astre émet par minute autant de chaleur que la combustion de 130 kilogrammes de houille. A parité de surface, c'est plus de sept fois la chaleur de nos meilleures forges. Si l'on suppose le Soleil recouvert d'une couche indéfinie de glace, l'épaisseur fondue serait de près de 12 mètres en une minute, de 4 lieues et 1/4 en un jour, de 1547 lieues par an.

La Terre, si petite et comme perdue dans les immenses régions où pénètrent les rayons dardés par le Soleil, ne reçoit, pour sa part, qu'une bien faible partie de cette chaleur totale. L'ensemble de la chaleur qu'elle reçoit en un an pourrait fondre une couche de glace de 30 mètres d'épaisseur qui l'envelopperait en entier.

CHAPITRE X

CORPS BONS OU MAUVAIS CONDUCTEURS. — VÊTEMENTS

1. Conductibilité pour la chaleur. — Pour bien nous rendre compte du rôle des étoffes employées pour vêtements et couvertures, il convient d'abord de porter notre attention sur certaines propriétés relatives à la chaleur.

Un morceau de charbon peut être impunément saisi avec les doigts par une de ses extrémités, pendant que l'autre est tout embrasée; il n'y a pour nous aucun risque de brûlure, quoique les doigts soient très près de la partie allumée. Mais on ne saisirait pas sans brûlure, par le bout froid en apparence, une tige de fer, même assez longue, rougie à l'autre bout. On ne saisirait pas davantage la poignée d'un fer à repasser mis chauffer sur un réchaud. Il faut alors protéger la main contre la violence de la chaleur au moyen d'un épais chiffon.

Ces deux exemples nous montrent que la chaleur ne se propage pas avec la même facilité dans toutes les substances : elle pénètre aisément le fer, qui devient très chaud bien loin de la partie directement chauffée; elle ne pénètre qu'avec difficulté le charbon, restant froid à peu de distance du point embrasé.

2. Corps mauvais conducteurs et corps bons conducteurs. — A ce point de vue, on classe les corps en deux catégories : ceux qui se laissent facilement pénétrer par la chaleur ou qui la conduisent bien, et ceux qui se laissent difficilement pénétrer par la chaleur ou qui la conduisent mal. Les premiers sont appelés *bons conducteurs*,

tel est le fer; les seconds sont appelés *mauvais conducteurs*, tel est le charbon.

Au nombre des corps bons conducteurs se trouvent tous
les métaux, le fer, le cuivre, l'argent, l'or et les autres.
Les corps non métalliques, tels que le bois, le charbon, la
brique, le verre, les pierres diverses, sont, au contraire,
de mauvais conducteurs. La conductibilité est encore plus
faible pour les corps pulvérulents, comme la cendre, la
terre, la sciure de bois ; et pour les corps filamenteux, tels
que le coton, la laine, la soie, et par conséquent les étoffes
obtenues avec ces matières.

**3. Une curieuse expérience sur la conductibilité des
métaux.** — Procurons-nous un lambeau de tissu très
léger, par exemple un morceau de mousseline aussi fine
que nous pourrons la trouver, et enveloppons-en étroitement une boule métallique, soit l'une des boules en cuivre
jaune qui ornent le dessus d'un poêle. Nouons en dessous
avec un cordon pour que le tissu touche bien le métal.
Maintenant prenons au foyer un charbon bien allumé et
appliquons-le, avec des pincettes, sur la mousseline qui
coiffe cette espèce de tête de poupée. Faisons mieux : ar-
mons-nous d'un soufflet et activons le feu du charbon autant
qu'il nous plaira, tout en le laissant en contact avec la
mousseline. Le tissu n'éprouvera rien de la part de la
chaleur, il ne brûlera pas, il sera comme incombustible.
Le point touché par le charbon ardent, loin de se carbo-
niser, restera tel qu'il était au début.

D'où provient cet étrange résultat d'une gaze légère qui
ne brûle pas au contact d'un charbon allumé? Il provient
de la grande conductibilité du métal. La boule de cuivre,
matière qui se laisse très facilement pénétrer par la chaleur, prend à elle l'ardeur du charbon et n'en laisse pas à
la mousseline, bien plus difficile à chauffer. Mais si le
tissu était seul, non appliqué sur une surface métallique,
il brûlerait au premier contact du charbon.

**4. Exemples de l'effet des corps mauvais conduc-
teurs.** —Le coussinet de chiffons avec lequel on saisit la
poignée d'un fer à repasser préserve la main de la brû-

lure parce qu'il empêche la chaleur d'aller plus avant. C'est un corps mauvais conducteur. Il arrête la chaleur du fer, et l'empêche de se porter sur la main.

Pareillement, les divers outils en fer qui doivent aller au feu par un bout et y rougir, sont garnis à l'autre bout d'une poignée en bois par laquelle on les manie sans se brûler. Le bois est encore un mauvais conducteur.

5. Très faible conductibilité de l'air. — De toutes les substances vulgairement connues, c'est l'air qui conduit le plus mal la chaleur, ainsi que le prouve la singulière expérience que voici :

Un savant, Rumford, à qui l'on doit de belles recherches sur la chaleur, faisait placer un fromage à la glace au milieu d'un plat. Sur ce fromage, on versait la mousse bien écumeuse obtenue avec des œufs battus. Enfin, on introduisait le tout dans un four bien chaud pour faire cuire rapidement les œufs. On obtenait, de la sorte, une omelette soufflée brûlante, au milieu de laquelle se trouvait le fromage glacé, qui n'avait rien perdu de sa fraîcheur.

La cause de cette singularité est tout entière dans la mauvaise conductibilité de l'air. C'était l'air emprisonné dans l'écume des œufs qui préservait le fromage de l'ardeur du four, arrêtait la chaleur au passage et l'empêchait de pénétrer plus avant. La chaleur ne lui arrivant pas, le fromage central se conservait donc glacé.

6. Suivant leur conductibilité, des corps possédant la même température nous paraissent plus chauds ou plus froids. — Des corps possédant en réalité même température produisent sur nous, suivant leur degré de conductibilité, une impression différente de froid ou de chaleur. — Un morceau de bois et un morceau de fer, par exemple, sont l'un et l'autre à l'ombre, à une température d'une dizaine de degrés. Ils ne sont ni plus chauds ni plus froids l'un que l'autre; cependant, si nous touchons le fer, nous éprouvons une sensation de froid, et, si nous touchons le bois, nous n'éprouvons rien ou peu s'en faut. La main, plus chaude que le fer, cède au métal une partie de sa chaleur; et, comme celui-ci est doué d'une grande conductibilité, la soustraction de notre chaleur propre est rapide, abondante, et se traduit par une impression de froid. Au contraire, le bois, mauvais conducteur, ne prend que peu ou point de chaleur à la main et n'amène aucune impression bien sensible.

Dans les climats polaires, pendant les rigueurs de l'hiver, il serait imprudent de saisir sans précaution un objet en métal. La grande conductibilité des matières métalliques occasionnerait une perte de chaleur si vive, que la peau se désorganiserait comme par l'effet d'une brûlure. Cependant un morceau de bois de même température pourrait être saisi sans danger. Sa faible conductibilité l'empêcherait de soustraire rapidement de la chaleur et d'endolorir la main.

Plongée dans de l'huile à la température ordinaire, la main n'éprouve aucune impression de refroidissement; dans de l'eau, elle éprouve une certaine fraîcheur; dans le mercure, elle éprouve un froid assez vif. Les trois liquides ont toutefois la même température; dans tous les trois, le thermomètre se tiendrait au même degré. Mais l'eau conduit mieux la chaleur que l'huile, le mercure la conduit mieux que l'eau et que les divers autres liquides, à cause de sa nature métallique. La main éprouve donc une perte plus ou moins grande de chaleur suivant qu'on la plonge dans l'un ou l'autre de ces liquides, et de là résulte la diversité d'impression dans des milieux en réalité également chauds.

Pareillement avec des corps d'une même température plus élevée que la nôtre, une impression de chaleur se produit, mais bien différente, suivant la conduct.,ilité. Un corps qui nous refroidit vite quand il est plus froid que nous, nous échauffe vite quand il est plus chaud. Il cède de la chaleur avec la même facilité qu'il en prend. Mais un corps qui, par sa faible conductibilité, ne peut soustraire de la chaleur et refroidir, ne peut aussi céder de la chaleur et réchauffer.

Un morceau de bois et un morceau de fer sont exposés

au soleil d'été. Ils ont même température, plus élevée que la nôtre. Nous touchons le bois, nous n'éprouvons rien de bien marqué ; nous touchons le fer, il nous paraît brûlant. Le premier ne cède que fort peu de sa chaleur, le second en cède beaucoup.

Qui appliquerait la main sur un poêle en fonte bien chaud ne s'en trouverait pas bien ; qui appliquerait la main sur une brique aussi chaude que le poêle n'aurait pas à redouter une brûlure. La fonte conduit bien la chaleur, la brique la conduit mal. Dans nos poches, les pièces de monnaie nous semblent plus chaudes que le vêtement. Ces pièces sont en métal, elles conduisent bien la chaleur, la propagent aux doigts ; le vêtement est fait d'une étoffe conduisant mal la chaleur. Tout le secret est là.

7. Emploi des corps mauvais conducteurs pour défendre indifféremment de la chaleur ou du froid. — Une substance conduisant mal la chaleur peut servir à deux usages qui semblent d'abord contradictoires, et qui cependant sont au fond semblables en tout. On peut l'employer, en effet, à garantir du froid ou bien à garantir de la chaleur ; à empêcher un objet de se refroidir comme à l'empêcher de s'échauffer. Se refroidir, c'est perdre de la chaleur ; s'échauffer, c'est en gagner. Il s'agit par conséquent d'arrêter, dans le premier cas, la chaleur qui pourrait s'en aller ; et dans le second, la chaleur étrangère qui pourrait arriver. Dans l'un comme dans l'autre cas, le moyen est le même : il faut opposer à la chaleur un obstacle qu'elle ne puisse franchir, pas plus dans un sens que dans l'autre, c'est-à-dire une enveloppe très mauvaise conductrice. En somme, ce qui défend du froid défend aussi de la chaleur ; la même enveloppe qui empêche un corps de perdre sa propre chaleur l'empêche aussi de recevoir celle qui pourrait lui venir d'ailleurs. Des exemples vont nous le prouver.

8. Faible conductibilité des matières pulvérulentes et filamenteuses. — Disons d'abord que les matières pulvérulentes et les matières filamenteuses sont les plus remarquables parmi celles qui conduisent mal la chaleur. Cette propriété, elles la doivent principalement à l'air retenu entre leurs particules, entre leurs filaments, de même que l'eau est retenue dans les innombrables petites cavités d'une éponge. On les emploie à garantir indistinctement soit du froid, soit de la chaleur. Les cendres vont nous en fournir un premier exemple.

9. **Les cendres.** — Si, le soir, les tisons à demi consumés sont ensevelis sous la cendre, ils se retrouvent le lendemain encore embrasés. La cendre, en les mettant à l'abri de l'air, en arrête la combustion; mais elle fait mieux : tout en les empêchant de se consumer, elle les conserve avec presque toute leur chaleur primitive; aussi sont-ils, le lendemain, aussi ardents que la veille. Ce ré sultat est dû à l'obstacle que la cendre, comme matière pulvérulente, oppose à la déperdition de la chaleur. Sous cette enveloppe poudreuse, le charbon se maintient embrasé parce qu'il ne peut transmettre sa chaleur au dehors, un corps mauvais conducteur s'y opposant.

Cette même cendre, qui fait obstacle au refroidissement, peut aussi faire obstacle à l'échauffement. Mettons sur la main une couche de cendre. Nous pouvons maintenant sur cette couche déposer un charbon bien allumé et le garder ainsi longtemps dans le creux de la main sans péril aucun de nous brûler. Ce mince lit de cendre nous préservera de la brûlure en arrêtant, par sa mauvaise conductibilité, la chaleurs du charbon. D'après ces deux exemples, nous voyons la même substance, la cendre, défendre du froid ou de la chaleur : elle empêche le charbon de se refroidir, elle empêche la main de se brûler.

10. **Bourre, laine, coton.** — Passons à d'autres exemples. Pour conserver chaud le contenu d'une soupière, que fait-on? On enveloppe la soupière d'une couverture de laine; on l'entoure de plusieurs doubles d'un tissu moelleux, très mauvais conducteur à cause de sa nature filamenteuse.

Veut-on, au contraire, maintenir un corps froid? C'est encore la propriété des matières filamenteuses que l'on met à profit. En été, pour préserver de la chaleur nos préparations glacées, on les enferme dans un vase contenu dans un autre beaucoup plus grand; et dans l'intervalle qui sépare les deux vases, on introduit de la laine, du coton, des chiffons. Ainsi, la même laine, le même coton, la même étoffe qui empêche le contenu d'une soupière de se refroidir, empêche aussi le contenu d'un vase à préparations glacées de se réchauffer.

11. Glacières. — Les glacières, où l'on conserve, même au plus fort des chaleurs de l'été, la glace recueillie en hiver, consistent en une fosse profonde, dont les revêtements sont en brique, de préférence à la pierre, parce que les briques propagent moins bien la chaleur. Une épaisse couche de paille tapisse en outre les parois de la fosse. On remplit la glacière pendant les grands froids. Les blocs de glace sont fortement tassés, puis arrosés d'eau, qui se congèle et fait du tout une masse compacte. On superpose alors une couche de paille et de planches chargées de pierres. Enfin un toit de chaume couvre la glacière.

On ne s'y prendrait pas autrement s'il fallait conserver la chaleur dans la fosse. Ce toit de chaume, cette couverture de paille, sont bien, en effet, ce qu'il faudrait pour obtenir un réduit chaud.

12. Huttes de neige des Esquimaux. — La plus curieuse des applications des matières pulvérulentes pour garantir du froid est celle de l'emploi de la neige à la construction de demeures d'hiver. A l'extrême nord de l'Amérique, au Groënland, où pour tout bois se trouvent de maigres touffes de bruyère, les Esquimaux habitent, l'hiver, dans des huttes de neige.

Ils découpent des tranches régulières de neige et les superposent en une muraille circulaire que recouvre un dôme construit avec les mêmes matériaux. Une porte très basse, close avec des peaux, est ménagée au midi. Pour avoir du jour, on pratique au sommet du dôme une ouverture ronde, dans laquelle on enchâsse une plaque de glace en guise de vitre. Enfin à l'intérieur, tout autour du mur, est dressé un banc de neige, que l'on couvre de gravier, de bruyère et de peaux de renne. Ce banc est le lit de repos pour la famille.

Dans ces demeures, jamais un foyer ne brûle : le bois manque, et d'ailleurs, avec du feu, la hutte se fondrait. Seulement une mèche de mousse, alimentée d'huile de veau marin, brûle dans un petit pot de pierre, pour liquéfier la neige et donner de l'eau pour la boisson. Le peu de chaleur qui s'en dégage suffit pour maintenir dans l'habitation une température supportable, grâce à la très faible conductibilité des murailles de neige. Au dehors cependant, le froid est d'une violence comme nos hivers les plus rigoureux ne peuvent en donner une idée. Si l'on sort de la hutte, le visage et les mains bleuissent aussitôt et perdent toute sensibilité ; la peau est labourée de gerçures par la bise ; le souffle de la respiration se prend en aiguilles de givre autour des narines ; les larmes se congèlent au bord des paupières.

13. Vêtements. —On dit d'une étoffe qu'elle est chaude, de telle autre qu'elle est froide. Que faut-il entendre par là ? Une fourrure, une étoffe, ont-elles une chaleur propre qu'elles nous communiquent ? Demandons-nous à la laine, au coton, un supplément de chaleur fournie par leur substance même ?

Nullement, car aucune de ces matières, serait-ce le duvet le plus soyeux, la fourrure la plus douce, n'a par elle-même de la chaleur et ne peut nous en fournir. Leur rôle se borne à empêcher la déperdition de la chaleur qui est en nous, de cette chaleur naturelle que notre corps produit par cela seul que nous vivons. Les vêtements, les couvertures sont de mauvais conducteurs interposés entre notre corps, qu'échauffe la chaleur de la vie, et les objets extérieurs, qui, plus froids que nous, abaisseraient notre température. Ils sont pour nous exactement ce qu'une pelletée de cendres est pour les tisons de l'âtre. Ils ne nous réchauffent pas, mais ils nous conservent la chaleur naturelle ; ils ne nous donnent rien, mais ils nous empêchent de perdre.

Ainsi un vêtement que nous appelons chaud n'a pas plus

de chaleur qu'un autre en réalité, seulement il conserve mieux la chaleur produite par notre corps. On voit donc que, toute idée de parure à part, la valeur d'un vêtement, au point de vue seul de la réelle utilité, dépend avant tout de sa faible conductibilité pour la chaleur. Plus il sera mauvais conducteur, et mieux le vêtement remplira son rôle.

14. Laine, soie, coton, lin. — Sous ce rapport, la laine est en tête des matières employées pour nos tissus ; c'est elle qui, s'opposant le mieux à la déperdition de la chaleur du corps, est la plus efficace pour nous garantir du froid. La soie, le coton, le chanvre, le lin, lui sont bien inférieurs. Et cela doit être. La laine est le vêtement du mouton ; ses propriétés sont aptes à défendre du froid le frileux animal qui la porte.

La soie, le coton, le chanvre, le lin, ont naturellement d'autres usages : la soie met la chenille et sa chrysalide en sûreté dans la cellule d'un solide cocon ; la bourre soyeuse du cotonnier fait flotter les semences dans l'air et leur permet de longs voyages pour aller germer en des points éloignés ; le chanvre et le lin ont pour mission de fortifier de leurs fibres des tiges longues et cassantes. Ce qui n'était pas vêtement dans la nature le devient par notre industrie, mais sans jamais acquérir au même degré les précieuses propriétés qui distinguent le vêtement naturel, la laine.

A son tour, le coton conduit moins bien la chaleur que le chanvre et le lin ; aussi les tissus de coton sont-ils préférables à la toile pour le vêtement intime, la chemise, qui, par son contact direct avec nous, influe tant sur le maintien de notre température. Avec le coton, sont moins à craindre les refroidissements brusques, les transpirations arrêtées, dont les conséquences sont si dangereuses.

15. Rôle de l'air dans nos vêtements. — Mais de toutes les matières, l'air est celle qui conduit le plus mal la chaleur. Aussi, est-ce pour ainsi dire avec de l'air que nous nous enveloppons. Nos étoffes de laine, de coton, n'importe, ne sont, en quelque sorte, que des réseaux propres à retenir de l'air dans leurs innombrables mailles. Cette

couche d'air, maintenue tout autour de notre corps, nous
protège d'autant plus efficacement contre le froid, qu'elle
est plus épaisse et moins exposée à se renouveler. Aussi
n'est-ce pas l'étoffe la plus lourde et la plus serrée qui tient
le plus chaud, mais bien l'étoffe souple, moelleuse, qui se
pénètre abondamment d'air et le garde captif dans son
épaisseur.

Entre le corps et les vêtements, se trouve, en outre, retenue par ceux-ci, une enveloppe d'air dont il faut tenir
compte, car elle constitue une doublure naturelle, que rien
ne pourrait remplacer. Pour bien remplir son rôle, cette
doublure d'air exige une certaine épaisseur, qu'on obtient
avec des vêtements d'une ampleur suffisante sans être exa-
gérée, car alors l'air, se renouvelant avec trop de facilité,
serait à tout moment remplacé par de l'air froid, et, chan-
geant de rôle, deviendrait une cause de déperdition de
chaleur.

16. **Couvertures, matelas.** — Les couvertures de nos
lits, les sommiers, les matelas, ne sont encore que des bar-
rières empêchant la chaleur naturelle de se déperdre. Les
plumes légères, la laine, le coton, le crin, qui les composent, retiennent abondamment de l'air dans leur masse
floconneuse, et forment ainsi une enceinte sans conductibilité que la chaleur du corps ne peut franchir. On fait
même des sommiers avec de l'air seul, sans matière filamenteuse. Une solide enveloppe de toile, fixée dans un
cadre, est maintenant gonflée au moyen de quelques res-
sorts disposés à l'intérieur. La cavité de cette espèce de
sac est occupée par une couche d'air, à la fois souple pour
un doux repos, et très efficace pour la conservation de la
chaleur.

CHAPITRE XI

RÔLE DE L'AIR DANS L'OXYDATION DES MÉTAUX ET LA COMBUSTION

1. Le charbon brûlé. — Allumons une pelletée de charbon dans un fourneau. Le charbon prend feu, devient rouge et se consume en donnant de la chaleur. Bientôt il ne reste plus qu'une poignée de cendres, d'un poids bien petit par rapport au poids primitif. Qu'est devenu le charbon? En se consumant se serait-il réduit à néant? Le charbon, une fois brûlé, ne serait plus rien, absolument plus rien? Il reste, il est vrai, des cendres; mais elles ne représentent qu'une bien petite partie du tout. Pour une grande pelletée de charbon, à peine obtenons-nous une poignée de cendres. Le charbon consumé semble donc réduit à néant.

Mais, en ce monde, rien ne s'anéantit. Vainement nous tenterions d'anéantir un grain de sable : nous pouvons l'écraser, le mettre en poussière, mais le réduire à rien, jamais; et les hommes les plus habiles, avec des moyens plus variés et plus puissants que les nôtres, ne l'anéantiraient pas davantage. En dépit de toutes les violences, le grain de sable existera toujours, sous une forme ou sous une autre, car tout persiste, indestructible.

Alors qu'est devenu le charbon? Il n'est plus dans le fourneau, en morceaux noirs et visibles ; mais il est actuellement dans l'air, en substance invisible. A ce sujet, rappelons-nous le sucre. Il est blanc, il est dur, il craque sous la dent. Nous en mettons un morceau dans l'eau. Le sucre se fond, se dissémine dans le liquide, et cesse aussitôt d'être dur, de craquer sous la dent; il cesse même d'être visible aux regards les plus perçants. Ce sucre invisible n'en existe pas moins. La preuve, c'est qu'il communique à l'eau une propriété nouvelle, la saveur sucrée. D'ailleurs, après le départ de l'eau, évaporée au soleil dans une assiette, le sucre reste et reparaît tel qu'il était au début. Cet exemple nous prouve qu'une substance, sans cesser d'être la même substance, peut devenir, de colorée incolore, de saisissable insaisissable, de visible invisible.

2. Combustion. — Ainsi fait le charbon en brûlant : il se dissout dans l'air et devient invisible. Ce qui n'est pas vraiment charbon reste dans le foyer, ne pouvant se dissoudre et constitue les cendres; tout ce qui est charbon disparaît, dissous dans l'air, et semble anéanti parce que nous cessons de le voir. Cette dissolution se fait avec chaleur et se nomme *combustion*.

Pour activer le feu, que fait-on? Avec un soufflet, on dirige de l'air sur le combustible. Sous le jet d'air lancé, le feu se ravive et prend plus de développement. Les charbons, d'un rouge sombre d'abord, deviennent d'un rouge vif, puis d'un blanc ardent. L'air apporte une nouvelle vie au sein du foyer.

Pour empêcher le combustible de se consumer trop vite, que fait-on au contraire? Nous le couvrons de cendres, nous le préservons ainsi du contact de l'air. Sous la couche de cendres, les charbons se conservent longtemps rouges, mais ne se consument pas.

Ainsi le feu ne s'entretient dans un foyer que par l'arrivée continuelle de l'air, qui dissout le charbon. Plus il arrive de l'air, plus aussi la dissolution est rapide et la chaleur produite élevée.

3. Le soufflet. — Ainsi pour activer la combustion, il faut lancer dans le foyer un courant d'air qui dissolve le charbon avec rapidité. C'est le rôle que remplissent les vulgaires soufflets dans nos habitations, et les machines soufflantes dans les usines de l'industrie.

Parlons du soufflet ordinaire, complément obligé de la pelle et des pincettes au coin de nos cheminées domestiques. La figure 24 nous en montre la structure. Il se compose de deux planchettes reliées l'une à l'autre par une peau souple, de façon que le tout constitue une sorte de poche dont on augmente et dont on diminue tour à tour la capacité, en écartant les deux poignées A et B et en les rapprochant. La planchette inférieure est percée d'un trou D, au-dessus duquel est disposée une *soupape*, consistant en une rondelle de cuir, fixée par un bord et libre au bord opposé. Poussée du dehors au dedans du soufflet, cette rondelle se soulève et laisse le passage libre à la façon d'une porte entre-bâillée; refoulée du dedans au-dehors, elle vient s'appliquer contre le rebord du trou et ferme celui-ci. Telle est la soupape, qui permet à l'air d'entrer quand elle est poussée de bas en haut, du dehors au dedans, et l'empêche de sortir quand elle est poussée de haut en bas, du dedans au dehors. Enfin un canal métallique C, appelé *tuyère*, termine l'instrument.

Si l'on écarte les deux poignées, en d'autres termes, si

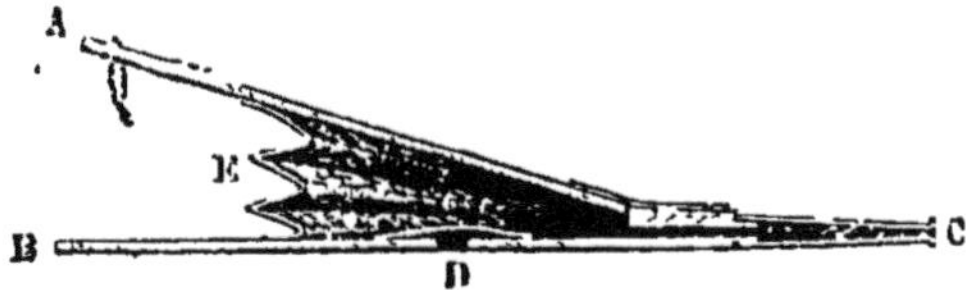

Fig. 24.

l'on ouvre le soufflet, la cavité de la poche augmente, et l'air extérieur s'y précipite en soulevant la soupape. Alors on rapproche les poignées. L'air comprimé entre les deux planchettes fait effort pour s'échapper et ferme ainsi le passage D en pressant sur la soupape qui s'applique sur le trou. Il ne reste d'autre issue que celle de la tuyère. C'est donc par là que l'air jaillit, avec d'autant plus de force que l'on rapproche plus vivement les deux poignées. Tel est l'instrument qui active la combustion dans nos foyers en lançant de l'air sur les tisons allumés.

4. Ce que devient l'air par l'effet de la combustion de charbon. — En dissolvant du sucre ou du sel, l'eau acquiert une saveur qu'elle n'avait pas d'abord, la saveur sucrée ou salée; pareillement, en dissolvant du charbon, l'air acquiert des propriétés qu'il ne possédait pas auparavant.

Cet air imprégné de charbon est une substance invisible, dépourvue d'odeur, dont la présence souvent n'est pas même soupçonnée, à notre grand danger, car c'est un air mortel pour nous. Vient-on à le respirer en abondance, l'esprit se trouble, l'engourdissement vous gagne, les forces faiblissent, et l'on périt rapidement si l'on n'est secouru. Chacun peut avoir entendu parler de malheureux qui, involontairement, ou hélas ! quelquefois à dessein, se sont donné la mort en allumant un réchaud de charbon dans une chambre close, ou, comme on dit, se sont asphyxiés. L'air imprégné de charbon dissous est cause de ces lamentables accidents.

On comprend alors à quel danger nous expose le charbon lorsque les produits de la combustion ne s'écoulent pas au dehors par une cheminée, mais se répandent dans la pièce où l'on se trouve, surtout lorsque celle-ci est petite et bien close. Dans une pareille pièce, on ne saurait trop se méfier d'un réchaud de braise : qu'elle soit bien ardente ou à demi éteinte, couverte de cendre ou à découvert, cette braise exhale un air mortel, d'autant plus à craindre qu'on ne le voit pas, qu'on ne le soupçonne même pas.

5. Autres combustibles que le charbon. — On donne le nom de *combustible* à toute matière apte à brûler. Le charbon, auquel se rattache le bois, en majeure partie formé de charbon, est pour nous le principal combustible ; mais il en existe une foule d'autres, dont les plus remarquables sont le soufre et le phosphore. Quel que soit le combustible, il n'est pas détruit, anéanti par le feu qui le consume, mais simplement converti en une autre chose par son association avec l'air. Ainsi le soufre qui brûle se dissout dans l'air comme le fait le charbon et devient substance invisible, d'odeur très piquante, provoquant la toux. L'odeur si connue et si déplaisante du soufre en combustion n'a pas d'autre origine. Ainsi encore le phosphore, lorsqu'il brûle, s'associe avec de l'air, et devient vapeur blanche qui désagréablement impressionne l'odorat. Les autres combustibles se comportent d'une façon semblable. En brûlant, ils s'associent avec de l'air et deviennent autre chose, tantôt visible, tantôt invisible, suivant la nature du combustible employé.

6. **Oxydation des métaux.** — Bien propre et poli, le fer est d'un beau brillant. Mais s'il reste exposé à l'air, à l'air humide surtout, ce métal se ternit vite et se couvre, à la longue, d'une croûte terreuse, jaunâtre ou rougeâtre, que l'on nomme *rouille*. L'air attaque donc peu à peu le fer, s'incorpore avec le métal et le rend méconnaissable. Devenu rouille, le fer n'a plus rien de ses premières propriétés : c'est une espèce de terre rouge ou jaune dans laquelle, sans des études approfondies, il serait impossible de soupçonner un métal. Or, on donne le nom d'*oxydation* à cette attaque des métaux par l'air. C'est une sorte de combustion, qui se fait lentement, sans chaleur sensible et sans lumière. Le métal rongé par l'air prend le nom d'*oxyde* ou bien de *rouille*. .

Presque tous les métaux se rouillent, s'oxydent à la manière du fer. Le cuivre devient ainsi du *vert-de-gris*, formant la croûte des vieux sous. Le zinc et le plomb se changent en une matière blanchâtre. La conversion d'un métal en rouille est quelquefois très rapide. Avec un couteau, coupons un morceau de plomb. À l'instant même, la section est d'un brillant métallique; mais bientôt elle se ternit et se voile comme d'une espèce de nuage. C'est l'altération du plomb qui commence par le simple contact de l'air. Avec les années, cette altération se propage, gagne la masse entière et finit par faire du plomb une matière terreuse, une rouille blanchâtre. Ainsi se comportent la plupart des métaux. Rongés par l'air, principalement par l'air humide, ils deviennent de la rouille, jaune ou rouge pour le fer, verdâtre pour le cuivre, blanchâtre pour le plomb, le zinc, l'étain.

7. **Inégale aptitude des métaux à l'oxydation.** — Tous les métaux ne sont pas altérables avec la même facilité. Parmi les métaux usuels, le fer est celui qui se rouille le plus facilement; puis viennent le zinc et le plomb; au troisième rang sont le cuivre et l'étain; au quatrième est l'argent, qui très longtemps peut se con-

server intact. L'or fait exception : il ne se rouille jamais.
C'est précisément cette qualité de conserver toujours
son brillant qui lui donne son prix. Les monnaies et les
bijoux en or des temps les plus anciens nous sont par-
venus aussi nets, aussi brillants que s'ils étaient fabriqués
de la veille, malgré un séjour, pendant de longs siècles,
dans un sol humide où les autres métaux seraient devenus
une rouille informe.

CHAPITRE XII

CHAUFFAGE

1. Chauffage primitif. — Les premiers foyers pour
préparer les aliments et se garantir du froid consistèrent
en brassées de bois allumées entre deux pierres, soit en
plein air, soit au centre de la hutte. Ce grossier moyen de
chauffage domestique se retrouve encore tel quel chez une
foule de peuplades sauvages. Sur quelques dalles, les
tisons flambent au milieu de l'habitation, et la fumée s'é-
chappe tant bien que mal par les interstices de la toiture.

Du reste, pour retrouver cette méthode naïve de faire
du feu, il n'est pas nécessaire de visiter des contrées que
leur éloignement empêche de participer aux bénéfices de la
civilisation. Dans certains villages reculés des montagnes,
où l'habitude conserve indéfiniment les vieilles traditions,
on voit encore le foyer établi sur une large pierre au centre
de la salle, dont les parois et le rustique ameublement sont
revêtus d'un noir et brillant vernis par la fumée. Les jours
d'un toit mal joint sont les seules issues pour les produits
de la combustion.

L'antiquité, à ses plus belles époques, ignorait notre vulgaire cheminée. Une preuve frappante nous en est donnée
par une ville célèbre, Pompéi, qui fut ensevelie, en l'an 79

de notre ère, sous une couche de cendres volcaniques vomies par le Vésuve. Ses maisons, après dix-huit siècles de séjour sous terre, sont exhumées aujourd'hui par la pioche du mineur, et reparaissent au jour telles que les surprit le volcan. Aucune d'elles n'a de cheminée. Dans la vieille ville romaine, on se chauffait avec des charbons ardents placés dans un large vase en métal, sur une couche de cendres. Ce foyer portatif était mis au milieu de la pièce à chauffer, sans disposition aucune relativement au tirage et à l'évacuation des gaz malsains engendrés par le charbon.

De nos jours encore, en Italie et en Espagne, on fait usage de pareils bassins à braise. La douceur du climat, qui n'exige pas une clôture exacte des habitations, permet ce vicieux moyen de chauffage ; mais le bassin à braise serait très dangereux dans nos demeures, dont les fenêtres et les portes doivent être bien closes pendant l'hiver. L'air non renouvelé et imprégné des produits délétères de la combustion amènerait bientôt le malaise et même l'asphyxie.

2. **Premières cheminées.** — C'est du XIVe siècle que datent les premières cheminées à l'usage domestique. Démesurément larges, très dispendieuses, brûlant pour tisons des troncs d'arbres entiers, les cheminées furent d'abord construites sans connaissance aucune du bon emploi de la chaleur. On faisait de grands feux sans parvenir à se chauffer en proportion du combustible dépensé. Il faut arriver à la fin du dernier siècle pour trouver des idées exactes sur le tirage que provoque la différence de température entre l'air de la cheminée et l'air extérieur.

3. **Tirage.** — Le mot de cheminée s'applique vulgairement aux diverses parties de la construction disposée en vue du chauffage domestique. On désigne par là tantôt le conduit par où s'écoule la fumée ; tantôt la partie inférieure de ce canal, partie où le feu brûle ; tantôt enfin l'encadrement en pierre, en plâtre, en marbre, qui entoure et recouvre une partie du foyer. Afin d'éviter tout

malentendu, nous réserverons le nom de *cheminée* pour désigner le canal conduisant au dehors les produits de la combustion, et celui de *foyer* pour désigner l'emplacement occupé par le feu.

Rappelons maintenant une expérience familière dont il a été déjà question au sujet de l'ascension de l'air chaud. Allumons une mèche de papier et secouons-la au-dessus d'un poêle ardent. Nous verrons les parcelles carbonisées s'élever en tourbillonnant et monter parfois jusqu'au plafond. Pourquoi s'élèvent-elles ainsi? Elles montent entraînées par l'air qui s'échauffe au contact du poêle, devient ainsi plus léger et forme un courant ascendant. Ces légers fragments de papier brûlé nous montrent l'ascension de l'air, comme des morceaux de bois flottants nous indiquent le courant de l'eau. Ainsi, de l'air qui s'échauffe devient plus léger et monte.

Nous avons là l'explication du tirage. Lorsque le feu est allumé dans le foyer, l'air contenu dans la cheminée s'échauffe, devient plus léger et s'élève. La puissance d'ascension est d'autant plus grande que cet air est plus chaud et forme une colonne plus longue. En même temps que l'air chaud s'élève, l'air froid, plus lourd, afflue vers le foyer, active, entretient la combustion, s'échauffe lui-même et continue la colonne ascendante. Il s'établit ainsi un courant continuel de la partie inférieure à la partie supérieure de la cheminée. Ce renouvellement incessant de l'air à travers le foyer s'appelle le *tirage*.

Chacun sait qu'un poêle, ramoné de frais et bien garni, brûle avec un sourd bruissement. Si la porte du cendrier est ouverte, du moins en partie, le poêle ronfle; si cette porte est fermée, le poêle se tait. Pourquoi cela? Apparemment parce que quelque chose se précipite avec bruit dans le foyer quand une entrée lui est ouverte. Ce quelque chose n'est pas difficile à trouver. Mettons la main à quelque distance devant la porte du cendrier, nous sentirons un vif courant d'air. C'est donc de l'air qui s'engouffre, en ronflant, à travers le tas de charbon allumé. Voilà encore le *tirage*. Un poêle qui ronfle tire bien, c'est-à-dire reçoit en abondance de l'air à travers son combustible ; un poêle qui se tait tire mal : il ne reçoit de l'air qu'avec difficulté et la combustion y est lente.

4. Conditions d'un bon tirage. — Les conditions premières d'un bon tirage sont maintenant faciles à prévoir. D'abord la cheminée doit être en entier occupée par de l'air chaud. Si le canal est trop large, il s'établit par le haut un courant descendant d'air froid, qui se mélange avec le courant chaud ascendant, le ralentit et même le fait refluer dans l'appartement. Alors la cheminée fume. On remédie à cet inconvénient en rétrécissant la cheminée par le haut, ou bien en la surmontant d'un canal en tôle.

Nos cheminées sont en général trop larges. Leur construction vicieuse est nécessitée par la manière fréquemment usitée pour les ramoner. Quand un pauvre enfant de la Savoie, tout barbouillé de suie, s'aidant des reins et des genoux garnis de cuir, se hisse dans le canal pour en râcler les parois, faut-il encore qu'il trouve un passage suffisant, le tirage dût-il en souffrir. Mais si le ramonage se fait d'une manière plus convenable, avec un petit fagot manœuvré au moyen d'une corde, rien n'empêche de rétrécir la cheminée autant qu'il est nécessaire.

L'orifice inférieur, celui qui s'ouvre dans l'appartement, a fort souvent aussi des dimensions trop grandes. Alors il arrive à la fois, dans le canal, de l'air chaud par la partie médiane, qu'occupe le foyer, et de l'air froid par les parties latérales, inoccupées. Cet air froid a nécessairement pour effet de diminuer le tirage en se mélangeant avec l'air chaud, dont il abaisse la température ; il peut même faire refluer la fumée dans l'appartement.

Il faudrait qu'il ne pénétrât, autant que possible, que de l'air chaud dans la cheminée ; il faudrait enfin que tout l'air froid appelé par le tirage traversât le foyer avant de se rendre dans le canal d'ascension. A cet effet, dans les cheminées construites suivant de bonnes règles, l'orifice inférieur est rétréci par trois cloisons obliques, inclinées vers le foyer, de manière que la majeure partie de l'air

appelé par le tirage passe à travers le combustible et s'é-
chauffe (fig. 25).

Ces parois obliques ont un autre genre d'utilité : elles
renvoient dans l'appartement une portion de la chaleur qui
n'y arriverait pas sans cette disposition. Pour augmenter
leur efficacité sous ce rapport, on les recouvre d'un revê-
tement de faïence, qui, par son poli, renvoie bien la chaleur.

Enfin l'extrémité supérieure de la cheminée doit être
prémunie contre le vent, qui peut s'engouffrer dans le canal et faire ainsi re-
fluer la fumée. A cet
effet, on coiffe la che-
minée d'une mitre en
maçonnerie qui s'op-
pose à l'accès de l'air
extérieur, ou bien d'un
coude en tôle qui tourne
au gré du vent et se
dirige de manière à ne
lui jamais présenter
son embouchure.

Fig. 25.

**5. Renouvellement
de l'air.** — Le rôle d'une cheminée est aussi important
pour le renouvellement de l'air ou *ventilation* que pour
le chauffage; quand nous croyons n'en recevoir que de
la chaleur, elle donne surtout de l'air pur à nos poumons.
Dans son canal s'élève sans cesse une colonne d'air chaud
entraînant au dehors les produits gazeux irrespirables,
tandis que de l'air froid et pur afflue vers le foyer, en
pénétrant dans la salle par les fissures des portes et des
fenêtres, par les trous des serrures, enfin par tous
les orifices qui peuvent faire communiquer l'atmosphère
du dehors avec celle de l'intérieur. Ce renouvellement de
l'air donne naissance à ces courants froids qui sifflent à
travers les jointures des portes, gémissent dans les serrures et vous glacent les jambes quand on se trouve devant
une cheminée qui tire bien. On s'en préserve avec une
cloison mobile ou paravent.

A cause de la grande quantité d'air qui afflue dans leur ample canal, les cheminées renouvellent très bien l'atmosphère d'un appartement, condition indispensable de salubrité dans nos habitations closes ; mais elles utilisent mal la chaleur au point de vue du chauffage, parce que l'air chauffé à travers le foyer se déverse en pure perte au dehors.

6. **Poêles.** — C'est tout le contraire pour les poêles : ils chauffent bien, mais ils renouvellent l'air d'une pièce d'une façon très imparfaite. Ils chauffent bien parce qu'ils sont en contact avec l'air de l'appartement par toute leur surface chaude, tant celle du tuyau de tôle que celle du fourneau ; ils renouvellent mal l'atmosphère d'un appartement parce que, mieux appropriés à la combustion, ils exigent beaucoup moins d'air que les cheminées. Dans un poêle, tout l'air qui entre est, à peu de chose près, utilisé par la combustion ; dans une cheminée, au contraire, il pénètre beaucoup d'air qui ne traverse pas le foyer, et s'écoule au dehors sans avoir pris part à la combustion. Les cheminées les mieux construites exigent au moins 60 mètres cubes d'air par kilogramme de combustible brûlé ; les poêles brûlent ce même poids de combustible avec 8 à 10 mètres cubes d'air.

Les poêles en fonte chauffent rapidement et avec énergie ; mais aussi ils se refroidissent vite si la combustion languit. Les fourneaux en terre cuite, vernissés ou non, chauffent plus lentement, mais leur action est plus continue, plus douce, plus égale ; ils conservent longtemps leur température après que la combustion a cessé.

Les Suédois et les Russes se servent, sous leur ciel rigoureux, d'énormes fourneaux en briques, occupant tout un des murs de la salle. La fumée et les produits de la combustion, avant de s'écouler au dehors, circulent dans l'épaisseur de cette maçonnerie par de nombreux canaux. On allume le feu le matin, quelques heures ; puis, lorsque le bois est converti en braise, on ferme toutes les issues du poêle, et cela suffit pour maintenir jusqu'au lendemain une douce chaleur dans l'appartement, à la condition que l'air glacial du dehors ne pénètre pas. Mais on n'obtient cette douceur de température qu'au détriment de la pureté de l'atmosphère, qui ne peut se renouveler dans la salle bien close.

7. Inconvénients des poêles. — Outre l'inconvénient de mal ventiler, le poêle en fonte en a un autre. La violente chaleur qu'il dégage dessèche l'air au point d'incommoder la respiration. La soif ardente qu'on éprouve près d'un poêle trop chaud n'a pas d'autre origine. On remédie à cette aridité en mettant sur le poêle un vase plein d'eau, qui, en s'évaporant, donne à l'air une humidité convenable. Enfin les poussières diverses flottant dans l'atmosphère de la salle se brûlent au contact du poêle rouge et sont une cause d'émanations désagréables.

En somme, si le poêle est le meilleur des appareils de chauffage sous le rapport de la facile installation, de l'économie du combustible, de l'utilisation de la chaleur, il est un des plus défectueux au point de vue de la santé, surtout dans un appartement petit et habité par un grand nombre de personnes. Il chauffe, mais il ne renouvelle pas suffisamment l'air.

CHAPITRE XIII

ÉCLAIRAGE

1. Éclairage au bois résineux. — Le plus rustique moyen d'éclairage est encore usité dans quelques coins perdus des pays de montagnes. Sous le manteau d'une immense cheminée, d'un côté se trouve la boîte au sel, que la chaleur du foyer maintient sec; de l'autre fait saillie une large pierre plate, où l'on brûle, le soir, des morceaux de bois très résineux choisis dans le tronc des sapins C'est là l'unique flambeau, à flamme rouge et fumeuse, l'unique lampe de l'habitation.

Ce flambeau à résine n'éclaire que le devant de la cheminée. Pour aller, la nuit, d'une pièce dans une autre, on a le lampion de fer, où une mèche de coton, couchée dans une sorte de bec, brûle avarement quelques gouttes d'huile de noix.

2. Chandelle et bougie. — A un degré plus élevé est la vulgaire *chandelle*, d'odeur si désagréable. Les chandelles se font avec de la graisse de mouton ou de bœuf, graisse qui porte le nom de suif.

Il y en a d'autres d'un beau blanc, qui ne sont pas huileuses au toucher et n'ont presque pas d'odeur. Ce sont les *bougies*, bien supérieures aux chandelles ordinaires, quoique fabriquées avec les mêmes matériaux, avec le suif. Il est vrai que le suif destiné aux bougies subit une énergique purification, qui le débarrasse de son odeur déplaisante et de sa substance huileuse.

Le premier travail consiste à faire bouillir le suif dans de l'eau avec de la chaux. Puis intervient une brutale drogue, l'huile de vitriol, qui enlève la chaux une fois qu'elle a suffisamment agi. Enfin on fait subir à la matière une très forte pression, qui exprime et sépare tout ce qui est de nature huileuse. Après ces traitements, le suif n'est plus le même. Il n'a pas ou presque pas d'odeur ; sa consistance est ferme, sa couleur d'un blanc parfait. En ce nouvel état, tout différent du premier, on ne l'appelle plus suif mais bien *acide stéarique.* De ce nom, vient celui de *bougies stéariques*, que l'on donne aux bougies. On les appelle aussi *bougies de l'Étoile*, parce que la première fabrique de bougies fut établie, à Paris, dans le voisinage de la barrière de l'Étoile. Ce magnifique progrès, qui devait remplacer la puante chandelle, à lumière fumeuse, par la bougie, si propre et douée d'une flamme si blanche, date de 1831.

3. Fabrication des bougies. — C'est par le moulage que s'obtiennent les bougies. Les moules sont en métal et débouchent par leur base dans le fond d'une caisse servant d'entonnoir commun (fig. 26). Chaque moule est garni suivant son axe d'une mèche fixée en bas par une petite cheville de bois, en haut par un nœud qui s'appuie sur la petite ouverture centrale d'un disque échancré. La stéarine en fusion est versée dans le récipient, d'où elle s'engage dans les différents moules. Il ne reste plus qu'à blanchir et à polir les bougies. On les blanchit en les exposant quelque temps à la lumière du soleil; on les polit en les frottant avec un morceau de drap.

4. Lampes à huile. — L'huile sert également à l'éclairage. On en distingue plusieurs qualités inférieures, que leur bas prix permet de brûler. Celles dont l'emploi est le plus général pour l'éclairage sont les huiles de navette, de colza, de noix. On les brûle au moyen d'une mèche de coton tressée, qui s'imbibe par sa partie inférieure et amène goutte à goutte le liquide au sein de la flamme.

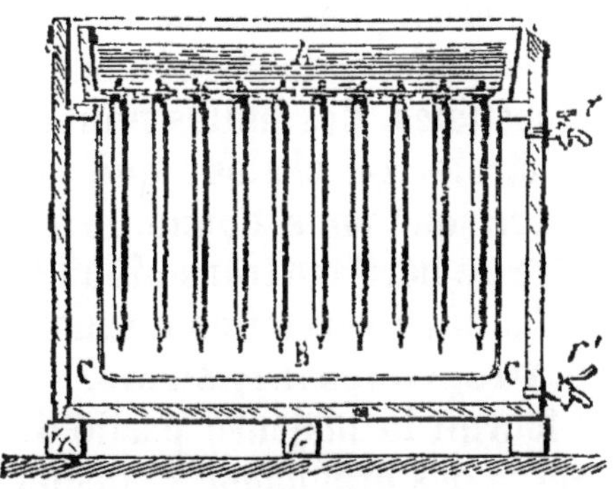

Fig. 26.

5. Pétrole. — Malgré le nom d'huile qu'on lui donne habituellement, le pétrole n'a rien de commun avec les huiles véritables. Celles-ci se retirent de certains fruits, l'olive par exemple; ou de certaines graines, certaines semences, comme les noix et les semences du lin et du colza. Le pétrole n'a pas semblable origine; on le trouve tout fait dans le sein de la terre, où certaines pierres en sont imprégnées et le laissent suinter goutte à goutte. Le nom de pétrole fait précisément allusion à cette origine minérale, car il signifie *huile des pierres.*

Nous avons dit comment la houille provient de l'antique végétation du globe, ensevelie à de grandes profondeurs par les bouleversements qu'ont subis la terre ferme et les mers. Cette houille, chauffée à l'abri de l'air, ainsi que nous allons le voir dans un instant, donne le gaz de l'éclairage, qui brûle avec une flamme blanche, supérieure pour la clarté à celle de nos meilleures lampes; elle donne aussi du goudron, où se trouvent, en grande quantité, des liquides inflammables, des huiles minérales, presque pareilles au pétrole. Des couches de matières végétales, enfouies naturellement dans le sein de la terre et converties en quelque chose d'analogue à la houille, ont pu éprouver, d'une façon ou de l'autre, le genre de décomposition qui s'accomplit dans nos usines à gaz.

De là sont résultés des goudrons naturels, des bitumes, des poix noires que le mineur rencontre en fouillant le sol ; de là sont venus des gaz inflammables qui, en divers pays, s'échappent des fissures du terrain et donnent des sources de feu ; de là enfin ont pris naissance des liquides combustibles, des huiles minérales désignées sous le nom de pétrole. La chaleur que nous donne la houille et la lumière que nous donne le pétrole, sont donc l'une et l'autre un héritage transmis à l'homme, à travers les siècles, par l'antique végétation du monde.

6. **Propriétés du pétrole.** — C'est l'Amérique du Nord qui fournit la majeure partie du pétrole. On creuse dans le sol, à des profondeurs plus ou moins grandes, des excavations semblables à nos puits; et des parois de ces cavités suinte le pétrole, qui s'amasse au fond comme l'eau s'amasse dans un puits ordinaire.

Le pétrole a l'apparence huileuse, mais il se distingue aisément de l'huile au caractère que voici : l'huile fait sur le papier une tache transparente, qui ne s'en va plus; le pétrole fait une tache semblable pour la transparence, mais qui disparaît par la chaleur sans laisser de trace. Cela provient de ce que le pétrole s'évapore, tandis que l'huile reste. En outre, l'odeur du pétrole est forte, pénétrante et rappelle un peu celle du goudron obtenu dans les usines à gaz.

La grande inflammabilité du pétrole est une cause de dangers sérieux, qu'il importe de connaître pour apporter toute la prudence nécessaire dans le maniement de ce liquide. Répandons de l'huile ordinaire à terre, et approchons-en une mèche de papier allumé : nous ne parviendrons jamais à l'enflammer. Que l'on en fasse autant avec du pétrole, et celui-ci prendra feu avec une facilité plus ou moins grande suivant sa qualité. S'il prend feu à l'instant même, c'est un liquide dangereux, dont il faut rejeter l'emploi autant que possible, si l'on ne veut s'exposer à de redoutables accidents. Si l'inflammation se fait avec difficulté, le liquide peut être admis dans nos lampes. Le meilleur est celui dont l'inflammation est la plus lente.

7. Danger auquel expose le pétrole trop inflammable. — Nous portons à la main, supposons, une lampe garnie d'huile ordinaire. Arrive un faux pas, une chute; et voilà l'huile répandue sur les vêtements, autour de la mèche enflammée. Qu'arrivera-t-il? Rien de bien grave. L'huile répandue, ne pouvant prendre feu, même tout à côté de la mèche, souillera les vêtements il est vrai, mais du moins ne nous brûlera pas. Quel épouvantable danger, au contraire, si la lampe est garnie avec du pétrole très facilement inflammable! La figure, les mains ont reçu les éclaboussures du terrible liquide, les vêtements en sont imbibés; à l'instant tout prend feu et l'on est en péril de brûler vivant.

En pareil danger, soit avec du pétrole, soit avec tout autre liquide combustible, comme l'alcool et l'éther, le plus pressé serait de conserver un peu de sang-froid, et de ne pas courir éperdu, affolé d'épouvante, car avec des vêtements flottants, agités par l'air, on ne ferait qu'aggraver le mal en rendant la combustion plus active. Il faudrait s'emparer du premier objet qui se trouverait sous la main, tapis, couverture, manteau de drap et s'en envelopper étroitement pour étouffer le feu; il faudrait s'empaqueter très serré et se rouler à terre en attendant qu'on vînt à notre secours.

Il convient donc de n'employer que du pétrole s'enflammant avec difficulté quand on approche un papier allumé d'un peu de ce liquide répandu à terre. La provision doit être tenue dans un vase en fer-blanc et non dans une bouteille en verre, qui pourrait se casser. Quand on garnit une lampe, on doit le faire loin du feu. Enfin il convient d'employer le moins possible ce liquide pour les lampes mobiles, que l'on transporte à la main d'un point à un autre, comme nous le faisons d'une simple bougie; il faut réserver le pétrole pour les lampes fixes, suspendues au mur ou au plafond, auxquelles on ne touche plus une fois qu'elles sont allumées. On ne s'expose pas ainsi à répandre sur soi le liquide inflammable.

8. **Cheminée des lampes.** — Si la combustion du liquide employé à l'éclairage se fait librement à l'air, sans cheminée de verre, qui règle et active le tirage, la flamme est fumeuse et peu éclairante; une partie du liquide, décomposée par la chaleur, se perd en fumée, ou s'amasse en champignons de charbon sur la partie incandescente de la mèche. Pour brûler cette fumée, ce charbon, et obtenir ainsi une lumière plus vive, il faut provoquer un bon tirage, ainsi qu'on le fait au sujet d'un foyer ou d'un poêle, afin de bien utiliser le combustible. On y parvient au moyen d'un canal ou cheminée de verre, qui entoure et surmonte la flamme, laisse entrer l'air froid par sa partie inférieure et laisse écouler l'air chaud par son orifice supérieur. Une lampe ne donne son éclairage qu'à cette condition.

Enlevons la cheminée d'une lampe, et nous verrons la flamme devenir aussitôt fumeuse et sans éclat; remettons le verre, et la combustion reprendra à l'instant sa vigueur et sa clarté. Il en est de la lampe comme du poêle : sans un tuyau convenablement long, qui active le tirage, c'est-à-dire l'arrivée de l'air au milieu du combustible, le poêle brûlerait mal et produirait peu de chaleur ; sans sa cheminée de verre, amenant, elle aussi, sur la mèche de l'air toujours renouvelé, la lampe utiliserait mal l'huile et ne donnerait qu'une flamme sans clarté.

9. **Gaz de l'éclairage.** — Procurons-nous une vulgaire pipe en terre, que nous choisirons avec le fourneau aussi ample et le tuyau aussi long que possible. Prenons en outre un peu de houille, et nous aurons tout ce qu'il faut pour apprendre ce qu'il y a d'essentiel dans la fabrication du

gaz de l'éclairage, de ce gaz qui brûle dans les candé-
labres des villes et répand une blanche clarté.

Au fond de la pipe, on met trois ou quatre grains de
sable pour empêcher le canal du tuyau de s'obstruer plus
tard ; on remplit aux trois quarts le fourneau avec de
menus morceaux de houille, et l'on bouche avec un tampon
de terre grasse bien pressée. Enfin la pipe est exposée
au soleil ou bien auprès du feu jusqu'à ce que la terre
grasse soit à peu près sèche. On met alors le fourneau de
la pipe dans le feu, en l'enveloppant de braise ardente. Le
tuyau, choisi à dessein d'une longueur convenable, sort
librement hors du foyer.

Or, quand le fourneau est devenu rouge dans son lit de
braise, il sort par l'orifice du tuyau une vapeur roussâtre
et d'odeur déplaisante, qui prend feu à l'approche d'un
papier allumé, et brûle assez longtemps avec une flamme
à laquelle on ne peut reprocher qu'un peu trop de fumée.
En même temps, du bout du tuyau, suintent quelques
gouttes d'un liquide noir et visqueux. Lorsque la flamme
s'est éteinte, le dégagement gazeux ayant cessé, on retire
la pipe du feu ; et devenue assez froide pour pouvoir être
maniée, on la casse avec précaution sous le marteau. Le
contenu consiste alors en un petit bloc d'aspect fondu,
d'éclat presque métallique, criblé d'une infinité de petits
trous et moulé dans le creux du fourneau. On voit ainsi
que la houille s'est ramollie par l'effet de la chaleur. Les
menus fragments du début se sont soudés entre eux ; et le
tout, devenu presque coulant, a pris la forme du fourneau de
la pipe, comme le fait une matière pâteuse pressée dans un
moule. Des gaz inflammables se sont dégagés pendant cette
demi-fusion, et c'est à eux que sont dus les pores dont
toute la masse est criblée.

Cette expérience, à la portée de tous, nous montre très
bien les trois produits bruts de la distillation de la houille :
d'une part, le *gaz inflammable*; d'autre part, le liquide
noir et visqueux qui porte le nom de *goudron* ; d'autre
part, enfin, le résidu charbonneux, d'aspect métallique,
que l'on désigne sous le nom de *coke*,

Maintenant, au fourneau de la pipe ne contenant qu'une pincée de houille, substituons d'autres fourneaux d'une grande capacité ; remplaçons le tuyau par un canal de fonte se rendant dans des appareils où le gaz s'épure, et de là dans un vaste réservoir, dit *gazomètre*, où le gaz s'emmagasine en attendant d'être brûlé ; à partir de ce réservoir, distribuons des canaux qui, se ramifiant sous terre, vont d'une rue à l'autre, d'un candélabre à l'autre, et nous aurons de quoi éclairer à la fois une ville entière au moyen du gaz inflammable sorti de l'usine où se travaille la houille. La distribution de la lumière devient de la sorte aussi aisée que la distribution de l'eau.

10. Éclairage par l'électricité. — Un bref avenir nous réserve encore mieux pour l'éclairage. C'est l'électricité qui un jour, sans doute, nous donnera la lumière. Des fils semblables à ceux du télégraphe électrique et partis d'une usine centrale, enverront leurs ramifications dans nos rues, nos places publiques, nos magasins, et distribueront en jets de lumière leur courant d'électricité. De magnifiques résultats sont déjà obtenus

CHAPITRE XIV

VIN. — VINAIGRE. — PAIN

1. Vin. — Le vin se fait avec le jus des raisins. Ce jus, tel qu'on l'extrait de la grappe, n'a nullement l'odeur et la saveur vineuses, car il ne renferme pas encore de l'alcool ; mais il possède un goût agréablement sucré, qui donne aux raisins leurs qualités de fruit de table. Cette saveur douce, les raisins la doivent à une espèce de sucre. Eh bien, ce sucre est précisément la matière aux dépens de laquelle prend naissance l'alcool. Ce qui est sucre dans le jus récent des raisins est alcool dans le même jus fermenté et devenu vin.

Lorsqu'on met chauffer du vin, d'abord des vapeurs se dégagent, susceptibles de prendre feu et de brûler avec une flamme bleuâtre. Il suffit d'avoir vu une fois préparer du vin chaud pour se rappeler cette curieuse flamme qui s'échappe du vase en ébullition et voltige sur le liquide, en languettes bleues. Or ces vapeurs inflammables proviennent de l'*alcool*, liquide qui donne au vin ses propriétés et pour ce motif porte le nom vulgaire d'*esprit-de-vin*. Le premier coup de feu fait partir l'esprit, plus facilement vaporisable; c'est alors qu'apparaissent les flammes, si l'on approche une mèche de papier allumé. Plus tard, tout l'alcool s'étant dégagé, le vin cesse de brûler, quoique bouillant toujours.

Il y a, par conséquent, dans le vin deux liquides divers : l'un plus facile à réduire en vapeurs, l'alcool; l'autre plus lent à se vaporiser, l'eau. Ce n'est pas à dire que le vin ait été additionné d'eau. L'eau dont il s'agit n'est pas frauduleuse : elle appartient naturellement au vin, elle provient de la grappe aux mêmes titres que l'esprit. Ainsi le vin est une association naturelle d'alcool en petite quantité et d'eau en grande quantité. Il y a, en outre, quelques autres substances peu abondantes, en particulier de la matière colorée provenant de la peau des raisins noirs.

2. Fermentation. — L'alcool du vin provient, disons-nous, du sucre de la grappe. Examinons sommairement de quelle manière s'effectue cette remarquable transformation.

La vendange est d'abord soumise au *foulage* par des hommes qui la piétinent dans de grands cuviers; puis le mélange de jus et de pulpe est abandonné à son propre travail. Bientôt cette purée liquide s'échauffe toute seule et se met à bouillonner en dégageant de grosses bulles gazeuses, comme si elle recevait la chaleur de quelque foyer. Le travail qui se passe alors se nomme *fermentation*; il s'effectue dans la substance même du sucre, qui, petit à petit, se décompose, se partage en deux choses bien différentes entre elles et du sucre lui-même. L'une de ces choses est l'alcool, l'autre est un gaz invisible appelé gaz carbonique. L'alcool reste dans le liquide, qui perd ainsi sa saveur douce primitive et prend à la place le goût vineux. Le gâz, au contraire, monte en agitant la masse d'un mouvement tumultueux, pareil à celui d'un liquide qui bout; il apparaît en bulles à la surface et se répand dans l'atmosphère. Le *moût* (on appelle ainsi le jus sucré des raisins), le moût perd donc sa douce saveur du début et prend celle du vin, parce que son sucre change de nature et devient alcool en se dépouillant d'une partie de sa substance, qui s'échappe dans l'air sous forme de gaz carbonique.

3. Gaz des cuves en fermentation. — Le gaz qui se dégage des cuves en fermentation est exactement le même que le gaz fourni par la pierre calcaire quand elle fait effervescence au contact d'un acide; il est le même encore que le gaz en lequel le charbon se transforme quand il brûle et se dissout dans l'air. Dans les trois cas, c'est du gaz carbonique; et rien ne distingue le gaz issu du moût en fermentation du gaz fourni par la pierre calcaire ou par le charbon en combustion. Le gaz carbonique est invisible, n'ayant pas de couleur; respiré en quelque abondance, il est mortel. Ce serait alors grave imprudence que de pénétrer dans une cuve en pleine fermentation, ou même dans un cellier qui n'aurait pas des ouvertures suffisantes pour laisser écouler au dehors le gaz irrespirable. On ne doit le faire qu'en portant devant soi une bougie allumée fixée à un long bâton. Tant que la bougie brûle comme à l'ordinaire, on peut avancer sans crainte, le gaz carbonique n'est pas là; mais si la flamme pâlit, s'amoindrit, puis s'éteint, il faut rétrograder sur-le-champ, car l'extinction de la bougie est la preuve de la présence du gaz carbonique, et ce serait s'exposer à une mort imminente que d'aller plus loin.

4. Vin rouge et vin blanc. — Par la fermentation, disons-nous, le sucre du raisin change de nature et se divise en deux parts : l'alcool, qui reste dans le liquide transformé de la sorte en vin; le gaz carbonique, qui se dissipe au dehors. Quand ce travail est achevé, on soutire le vin pour le séparer du marc avec lequel il est mélangé. Le liquide est alors composé d'une grande quantité d'eau provenant des raisins eux-mêmes, d'une petite proportion d'alcool provenant du sucre détruit, enfin d'une matière colorante fournie par la peau des raisins noirs.

Le vin blanc se fait avec des raisins blancs, dont la peau est dépourvue de matière colorante; mais on peut le faire très bien aussi avec des raisins noirs, si colorés qu'ils soient. A cet effet, les raisins écrasés sont d'abord pressés avant d'être soumis à la fermentation. On sépare ainsi le jus des peaux. Ces peaux enlevées, le vin sera blanc, même avec des raisins noirs. La raison en est toute simple. La matière colorante des raisins, cause de la coloration des vins rouges, est contenue dans la pellicule des grains. Elle n'est pas soluble dans l'eau, mais elle se dissout aisément dans l'alcool. C'est donc après que la fermentation est déjà avancée dans le liquide que celui-ci se colore en dissolvant la matière colorante au moyen de l'alcool formé. Mais si les peaux sont enlevées avant que le moût fermente, il n'y a plus de matière colorante à dissoudre et le vin reste blanc.

5. **Vins mousseux.** — Les vins mousseux, ceux qui font sauter le bouchon et se couvrent d'écume quand on les verse dans le verre, s'obtiennent par la mise en bouteille avant que la fermentation soit achevée. Le gaz carbonique, continuant à se former et ne trouvant pas d'issue à cause du solide bouchon qui lui ferme le passage, se dissout dans le liquide et s'y accumule, mais en faisant toujours effort pour s'échapper. C'est lui qui fait sauter les bouchons avec explosion quand on coupe la ficelle qui les maintenait solidement en place; c'est lui qui entraîne le liquide en flots mousseux hors de la bouteille débouchée; c'est lui enfin qui recouvre le vin versé dans le verre d'une couche d'écume, où bruit un léger pétillement causé par les bulles gazeuses crevant à l'air. Ajoutons que le gaz carbonique communique au

vin mousseux une saveur piquante, agréable au goût. Ce gaz n'est à craindre que respiré en quelque abondance. S'il entre dans nos boissons, il leur communique la propriété de mousser, et en outre une légère saveur aigrelette inoffensive, salutaire même, car elle favorise la digestion.

6. Vinaigre. — Nous venons d'apprendre que le sucre devient alcool. A son tour, l'alcool se change en vinaigre; et comme le sucre est l'origine de l'alcool, c'est le sucre en définitive qui devient vinaigre. L'opposé produit l'opposé, le doux donne naissance à l'aigre.

Tout liquide alcoolique est apte à faire du vinaigre; néanmoins c'est le vin qui donne le meilleur et le plus estimé. Le mot vinaigre nous rappelle en toutes lettres le *vin aigre*, le *vin aigri*. Dans le vin, c'est l'alcool, uniquement l'alcool, qui s'aigrit. C'est dire qu'on n'obtient du bon vinaigre qu'avec du bon vin. Plus le vin est généreux, c'est-à-dire riche en alcool, plus le vinaigre lui-même est fort.

Lorsque l'on abandonne à elle-même une bouteille de vin entamée et non bouchée, en peu de jours, pendant les chaleurs de l'été, le vin tourne à l'aigre. A la condition expresse d'être en contact avec l'air, le vin s'aigrit donc tout seul, surtout lorsqu'une douce température favorise le travail de décomposition de son alcool.

7. Soins à prendre pour la conservation du vin. — Le peu que nous venons de dire nous explique d'abord les soins à prendre pour conserver le vin et l'empêcher de s'aigrir. S'il est en bouteilles, en dames-jeannes, il faut que ces bouteilles, ces dames-jeannes, soient exactement closes avec de bons bouchons de liége. Si la clôture est imparfaite, si les bouchons sont mauvais, l'air pénètre et le vin court risque de s'aigrir. Comme le liége est toujours plus ou moins perméable à l'air, on couvre de cire l'Espagne le sommet du bouchon, quand il s'agit de vins destinés à une longue conservation; en un mot, on cachète les bouteilles. Sans cette précaution, l'air pourrait arriver peu à peu dans la bouteille, et quand on déboucherait celle-ci, au lieu d'excellent vin vieux, on trouverait du vinaigre.

Ainsi, pour conserver le vin, il faut, avant tout, empêcher l'air d'arriver jusqu'à lui. Une dame-jeanne ou un tonneau entamé, que l'on ouvre journellement pour y puiser et que l'on rebouche sans précautions, ne tardent pas à s'aigrir, principalement en été. Si la consommation doit durer longtemps, leur contenu doit être mis dans des bouteilles soigneusement bouchées. Le vin n'est ainsi en rapport avec l'air qu'une bouteille après l'autre, à mesure qu'on le consomme et, de la sorte ne peut plus s'aigrir, pourvu que les bouchons soient convenables.

8. Fabrication domestique du vinaigre. — Si nous voulons, au contraire, convertir le vin en vinaigre, nous le laisserons en rapport avec l'air, dans des vases non bouchés, ou imparfaitement bouchés. Peu à peu, par l'action de l'air longtemps continuée, son alcool aigrira. C'est ce qui arrive pour les fonds de bouteille oubliés dans quelque recoin.

Une fois que, par l'achat ou par l'aigrissement accidentel survenu dans une partie de son vin, on est en possession de la quantité de vinaigre nécessaire aux besoins d'une année, rien n'est plus simple que de se maintenir indéfiniment approvisionné. Dans un tonnelet d'une douzaine de litres ou dans une dame-jeanne, on met sa provision de vinaigre. A mesure que l'on puise dans ce réservoir, on remplace le liquide enlevé par une égale quantité de vin et on laisse le vase ouvert, ou mieux on le bouche avec un linge, qui arrête les poussières, mais laisse l'air pénétrer en liberté. En présence du vinaigre et de l'air, le vin ajouté ne tarde pas à se convertir lui-même en vinaigre, de sorte que la provision est toujours au complet.

9. Farine. — La mouture, sous les meules du moulin, réduit en fine poudre les grains des céréales ; le blutage, dans des tamis tournants, sépare l'écorce ou le *son* de la partie farineuse. Le résultat est la *farine*, dont la plus importante est celle du froment.

10. Amidon. — Prenons une poignée de farine et réduisons-la en pâte avec de l'eau. La pâte faite, pétrissonsla au-dessus d'un plat, la tournant et la retournant de toutes les manières sous un continuel filet d'eau, qu'un aide nous verse avec une carafe. Remarquons bien l'eau qui passe sur la pâte et la lave : elle tombe dans le plat blanche comme du lait, preuve qu'elle entraîne quelque chose de la farine. Si nous attendons un peu, l'eau du plat, laissée en repos, redeviendra limpide et laissera amasser au fond une mince couche blanche.

Or cette matière blanche qu'a laissé déposer l'eau de lavage de la pâte, est la *fécule* du froment, ou bien de *l'amidon*, pareil à celui dont se servent les repasseuses pour l'apprêt du linge. La méthode en usage dans l'industrie pour obtenir l'amidon ne diffère pas de la nôtre. On lave la pâte obtenue avec des farines de qualité inférieure ou gâtées par accident. L'eau entraîne l'amidon, qui se dépose au fond des cuves; le reste de la farine forme une masse gluante que retiennent les appareils de lavage.

11. **Gluten.** — Mais revenons à notre expérience sur la farine. Reprenons la pâte et continuons à la pétrir, à la presser en tous sens avec les doigts, sous le filet d'eau de la carafe. L'eau de lavage est de moins en moins blanche; un moment arrive enfin où elle tombe dans le plat telle qu'on la répand sur la pâte; elle ne prend plus rien et reste incolore.

Ce qui reste alors entre les doigts est une matière molle, gluante, qui s'étire à peu près comme la gomme élastique. Sa couleur est d'un blanc grisâtre, son odeur a quelque chose de fort. Desséchée au soleil, elle deviendrait dure et transparente comme de la corne. On lui donne le nom de *gluten* pour rappeler son état glutineux, sa viscosité. En somme la farine contient deux principales substances : l'amidon et le gluten, le premier en abondance, le second en proportion moindre.

Or cette matière d'aspect si peu engageant, toute molle, toute visqueuse, qui englue les doigts, ce gluten enfin diffère à peine de la chair. C'est une espèce de chair végétale, qui, par une légère retouche de la digestion, peut devenir notre propre chair. Aussi le gluten est-il, par excellence, la cause des hautes propriétés nutritives du pain. Plus une farine en contient, plus elle est nourrissante. Une farine qui n'en contient que peu ou point n'est pas bonne à donner un pain convenable, d'abord parce qu'elle nourrit trop peu, et en second lieu pour des motifs dont l'explication viendra tout à l'heure.

Pour classer les farines d'après leur valeur nutritive, il faut donc reconnaître ce qu'elle renferment en gluten. Voici quelques nombres obtenus au moyen de lavages pareils à celui que nous venons de faire. Sur 100 kilogrammes de farine de froment de bonne qualité, il y a 20 kilogrammes et plus de gluten ; il n'y en a que 12 environ pour les farines de seigle, d'orge, d'avoine ; il n'y en a que 7 pour la farine de riz. Le reste est composé principalement d'amidon pour toutes les farines. Par sa richesse en gluten, le froment est à la tête des céréales, et telle est la cause de son incomparable supériorité pour le pain.

12. Panification. Levain. — Si l'on se bornait à pétrir la farine avec de l'eau et à mettre au four la pâte telle quelle, on n'obtiendrait qu'une galette serrée, compacte, une sorte de colle durcie, qui rebuterait l'estomac par une digestion laborieuse. Il faut au pain, pour être facilement digéré, ces trous innombrables dont il est criblé à la manière d'une éponge, ces yeux enfin qui fragmentent la mie en parcelles et rendent plus aisé le travail d'extrême division accompli dans l'estomac. Or c'est par une fermentation pareille à celle du moût de raisin que la farine devient le pain, le véritable pain, aliment précieux entre tous, dont l'usage ne lasse jamais.

Outre l'amidon et le gluten, il y a dans la farine une petite quantité de sucre, comme le prouve la légère saveur douce d'une pincée de farine mise sur la langue. Cette faible proportion de sucre est précisément la matière qui fermentera dans la pâte, c'est-à-dire se décomposera en alcool et gaz carbonique, ainsi que cela se passe dans la fabrication du vin.

Reste à savoir comment est provoquée cette fermentation. Rien de plus simple : on mélange à la pâte fraîche un peu de vieille pâte mise en réserve lors du pétrissage antérieur et appelée *levain*. Cette vieille pâte a la propriété de faire fermenter le sucre, de le décomposer en gaz carbonique et alcool. *Levain* vient du verbe *lever*, parce que, à la faveur du levain mélangé avec elle, la pâte se soulève, gonflée par le gaz carbonique produit. Le levain est tiède au toucher à cause du travail de décomposition qui se continue dans sa substance. Il est en outre bombé et élastique à cause du gaz emprisonné dans sa masse gluante; il a une odeur pénétrante et vineuse à cause de l'alcool formé aux dépens du sucre. Telle est la matière qu'il faut mélanger en petite quantité avec la pâte fraîche, au début du pétrissage, pour obtenir le pain tel que nous le désirons. Dans le but de relever le goût, on ajoute aussi du sel, qui ne remplit d'ailleurs aucun autre rôle.

13. **Cause des yeux du pain.** — Le pétrissage fini, que se passe-t-il? Le voici. A la faveur du levain, bien également réparti dans toute la masse, le sucre de la pâte se décompose. Le gaz carbonique produit reste emprisonné, car le gluten se gonfle par l'expansion du gaz, s'étend en minces membranes et forme une foule de cavités sans issue. De la sorte, la pâte lève, se gonfle et devient criblée de trous comme une éponge.

La cuisson au four augmente encore la porosité; car le gaz, se trouvant retenu par des parois de gluten capables de se distendre à la manière de la gomme élastique, se dilate par la chaleur et rend plus spacieuses les cavités primitives.

A sa qualité de matière très nutritive, le gluten en joint donc une autre : en retenant le gaz carbonique dans une multitude de cavités de toute grandeur, il rend le pain très poreux, léger et par conséquent de digestion facile. Aussi les farines peu riches en gluten, comme celle de seigle, ne donnent-elles qu'un pain compact, lourd aux estomacs faibles; aussi encore les farines ne contenant que fort peu ou point de gluten, comme le seraient celles de riz, de châtaignes, de pommes de terre, sont-elles complètement impropres à être converties en pain.

CHAPITRE XV

SUCRE. — HUILE. — SAVON.

1. Origine du sucre. — Une foule de végétaux, dans leurs fruits, leurs tiges, leurs racines, contiennent du sucre. Les melons, par exemple, les raisins, les figues les poires, ont une saveur parfaitement sucrée. Mâchons, lorsqu'elle est encore verte, une tige de blé, de roseau, ou du premier brin de gazon venu, nous lui trouverons un goût de douceur bien marqué. Le chiendent, la plus commune des mauvaises herbes de nos cultures, a sa tige souterraine fort douce. On voit donc que le sucre est fort répandu dans les végétaux. Peu d'entre eux cependant se prêtent à l'extraction industrielle de cette substance, soit parce qu'ils en contiennent en trop petite quantité, soit parce que leur matière sucrée n'est pas exactement le sucre dont nous faisons usage. Deux plantes, incomparablement plus riches que les autres, fournissent, à elles seules, la presque

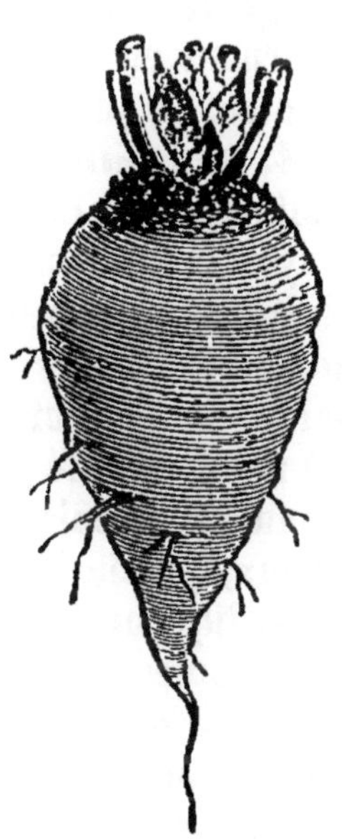

Fig. 27. — Betterave à sucre.

totalité du sucre qui se consomme dans toutes les parties du monde. Ce sont la *betterave* et la *canne à sucre*.

2. Betterave. — En France, le sucre se retire de la betterave (fig. 27). C'est une volumineuse racine, à chair blanche cultivée sur d'immenses étendues, pour la fabrication du sucre, dans nos départements du nord. Les betteraves que nous voyons habituellement dans la campagne sont à chair rouge; elles contiennent aussi du sucre, mais moins que les premières. Comme, d'autre part leur coloration rouge serait une difficulté de plus pour obtenir du sucre d'un blanc parfait, on leur préfère les betteraves à chair blanche.

3. Canne à sucre. — Le canne à sucre est un grand roseau de 2 à 3 mètres de hauteur, à tiges luisantes, remplies d'une moelle juteuse et sucrée. Elle est originaire des Indes; aujourd'hui on la cultive dans tous les pays chauds de l'Afrique et de l'Amérique. Pour obtenir le sucre, on coupe les tiges lorsqu'elle sont mûres, on les dépouille de leurs feuilles et l'on en fait des fagots, que l'on écrase, dans une espèce de moulin, entre deux cylindres tournant en sens inverse, à une petite distance l'un de l'autre. Le jus obtenu se nomme *miel de canne.*

4. Extraction du sucre. — Mais occupons-nous spécialement de la betterave, qui fournit le sucre dans nos pays. On lave soigneusement les racines, puis on les réduit en pulpe avec de grandes râpes que font mouvoir des machines. Enfin cette pulpe est pressée dans des sacs de laine. Le jus qui s'en écoule est mis dans des chaudières, où il est chauffé jusqu'à ce qu'il se soit épaissi en sirop. Pendant la cuisson, on jette dans le liquide un peu de chaux, qui clarifie le sirop et en sépare les impuretés.

La liqueur épaissie et encore bouillante est versée dans des moules en terre, ayant la forme conique, c'est-à-dire la forme d'un pain de sucre. Ces moules, tournés la pointe en bas, ont à ce bout un petit orifice que l'on maintient bouché avec quelques pailles. Une fois pleins de sirop, on les abandonne à un lent refroidissement. Peu à peu, le sirop se fige et se prend en une masse compacte. On retire alors le tampon de paille et le peu de liquide qui ne s'est pas figé s'écoule goutte à goutte par l'orifice de la pointe en entraînant quelques impuretés. Ce premier travail donne le sucre brut, vulgairement appelé *cassonade.* D'une façon exactement pareille se traite le jus retiré des cannes à sucre.

5. Raffinage. — La couleur de la cassonade n'est pas encore le blanc pur, et sa saveur a quelque chose de déplaisant. Pour donner au sucre brut une blancheur parfaite et le dépouiller de quelques substances qui gâtent la perfection de la saveur sucrée, on lui fait subir une épuration dans des ateliers appelés *raffineries*.

L'opération du raffinage est basée sur une remarquable propriété que possède une sorte de charbon nommé *noir animal*. On appelle ainsi une poudre noire et charbonneuse que l'on obtient en calcinant des os de toutes sortes d'animaux. Jetons un os au feu. Il flambera et deviendra tout noir. Si nous attendions trop, le peu de charbon que contient l'os brûlerait et la coloration noire disparaîtrait, remplacée par un beau blanc. Mais l'os est retiré du feu lorsqu'il a bien noirci. Réduit alors en poudre, il donne précisément ce que l'industrie appelle *noir animal*. Or ce charbon d'os a la propriété de s'incorporer et de retenir la plupart des matières colorantes, et par conséquent le décolorer les liquides que l'on filtre à travers une couche de cette poudre noire.

La cassonade, soit de betterave, soit de canne à sucre, est donc dissoute dans de l'eau chaude, et le sirop ainsi obtenu est mélangé avec une quantité convenable de noir animal, qui retient à lui les substances donnant au sucre brut sa couleur jaunâtre et son goût déplaisant. Le mélange est jeté sur d'épais tissus de laine, faisant office de filtre. Le charbon reste au-dessus avec toutes les impuretés, et le sirop passe seul, parfaitement limpide. La liqueur sucrée est concentrée sur le feu et finalement versée dans des moules coniques où elle se fige et se cristallise en pains de sucre d'une blancheur et d'un goût irréprochables.

6. Historique du sucre. — L'usage du sucre dans nos pays n'est pas très ancien; il remonte seulement à la fin du xvii° siècle. Sous le règne de Henri IV, le sucre était encore si rare et si cher, qu'on le vendait uniquement chez les apothicaires et à l'once, comme une drogue médicinale. Le sucre de betterave, postérieur à celui de canne, a paru dans le commerce au commencement du siècle où nous sommes.

7. **Sucre candi.** — **Sucre d'orge.** — Le *sucre candi* est du sucre ordinaire en gros cristaux transparents. Pour l'obtenir, on évapore lentement dans une étuve une dissolution sucrée. Dans le vase évaporatoire, on tend de nombreux fils sur lesquels les cristaux se forment. Le sucre candi sert à la fabrication des liqueurs fines.

Fig. 23. — Rameau d'Olivier.

Le *sucre d'orge* se prépare avec une dissolution sucrée ou sirop, que l'on évapore rapidement jusqu'à ce qu'une goutte de matière plongée dans de l'eau froide se prenne en une masse consistante. Le sirop est alors versé sur un marbre huilé, où il se solidifie. Quand il est suffisamment froid, on le roule en petits cylindres, qui forment les *bâtons de sucre d'orge*. Ce nom de sucre d'orge vient de ce qu'on faisait entrer autrefois dans sa préparation une décoction d'orge.

Le *sucre de pommes* est du sucre d'orge additionné de gelée de pommes et d'un peu d'essence de citron.

8. **Huile d'olive.** — L'huile se retire de diverses semences et de divers fruits ; mais la plus estimée pour la table est celle que nous donne l'olive ou fruit de l'olivier. Cet arbre précieux, dont les anciens avaient fait le symbole de la paix, craint les rudes hivers du nord et ne prospère chez nous qu'en Provence et en Languedoc, surtout dans les départements limitrophes ou voisins de la Méditerranée. Son élévation est médiocre et se maintient d'habitude à deux fois la hauteur d'homme. Sa tête est arrondie, peu touffue, pauvre d'ombrage ; ses

feuilles sont étroites, coriaces, d'un vert cendré et ne tombent pas en hiver (fig. 28).

L'olive est d'abord verte. Sa chair, recouvrant un noyau fort dur et pointu aux deux bouts, est, sans préparation, le plus détestable manger, à cause de son âcre saveur. Plus tard, quand viennent les froids de la fin de l'année, de novembre en décembre, les olives passent de la couleur verte au rougeâtre et finalement au noir. Alors la peau se ride,

Fig. 29. — Rameau de Noyer.

la chair mûrit, perd de son âcreté et s'enrichit en huile. C'est le moment de la récolte, qui se fait à la main, fruit par fruit.

Les olives sont portées au moulin, où, après les avoir écrasées sous des meules verticales tournant dans une auge circulaire, on les presse à froid. Par cette première pression, on obtient l'*huile fine* ou l'*huile vierge*, la plus estimée de toutes. Soumises à l'action de l'eau chaude et pressées une seconde fois, les olives fournissent une huile de deuxième qualité. Enfin le marc, mélangé avec les olives détériorées, piquées des vers et tombées seule de l'arbre, donne l'huile dite *d'enfer*, de trop mauvais goût pour servir aux usages de la cuisine, mais utilisée pour l'éclairage et la fabrication du savon. Le résidu final forme des tourteaux; excellent combustible pour le foyer.

Fig. 30. — Le Payot.

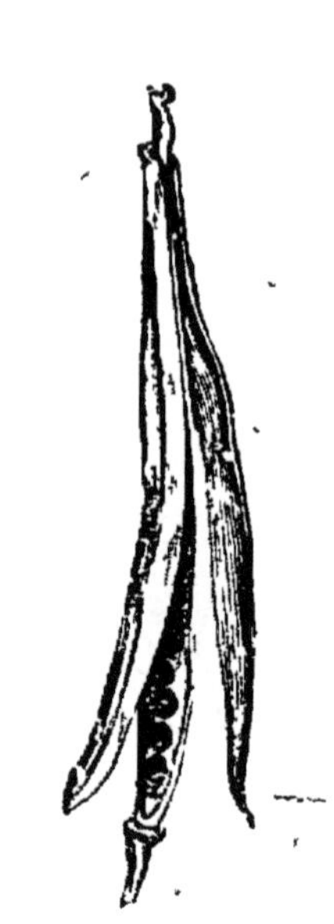

Fig. 31. — Silique de Colza.

9. Huile de noix. — Ce qui donne l'huile dans l'olive, c'est la chair même du fruit; mais les autres végétaux utilisés pour leur matière huileuse contiennent celle-ci dans leurs graines, leurs semences. Les principaux sont le noyer, le sésame, le pavot, le colza, une espèce de chou appelée navette, le lin.

Cassons une noix sèche, prenons un quartier de la semence et approchons-le de la flamme d'une lampe. Il prendra feu et brûlera avec une belle flamme blanche, alimentée par un jus huileux qui suinte à mesure que la chaleur gagne. Il y a donc de l'huile dans les noix (fig. 29). Pour l'extraire, on casse les fruits, on les épluche, et les semences sont soumises à une forte pression. Récemment préparée, l'huile de noix plaît au goût et convient pour les usages de la cuisine, aussi est-elle recherchée partout où les noyers abondent.

Malheureusement elle rancit vite et contracte, en vieillissant, une saveur âcre et forte.

10. Huiles de sésame, de pavot, de colza, de navette. — Le *Sésame* est une plante annuelle, herbacée, que l'on cultive principalement en Amérique et en Égypte. Ses graines fournissent une huile fort douce, dont les qualités se rapprochent de celles de l'huile d'olive.

Fig. 32. — Fleurs du Colza.

Les têtes du *Pavot* (fig. 30) sont remplies de très fines semences, qui fournissent une huile assez estimée connue sous le nom d'*huile d'œillette*. Les mêmes têtes donnent une infusion qui porte à un profond sommeil. Elles doivent cette propriété à une substance, l'*opium*, qui, prise même en petite quantité, serait un violent poison. Mais cette redoutable matière ne se trouve que dans la coque même du fruit, dans l'enveloppe de la tête de pavot, et nullement dans les graines, l'huile extraite de ces graines peut donc servir, sans danger aucun, aux usages de la cuisine.

Le *Colza* (fig. 31 et 32) et la *Navette* sont deux sortes de choux principalement cultivés dans le nord. Leurs fruits nommés siliques, contiennent deux rangées de fines semences sous deux longues pièces (fig. 31) qui se détachent elles-mêmes de bas en haut à la maturité. Ces semences donnent l'*huile de colza* et l'*huile de navette*, employées pour l'éclairage et certains travaux de l'industrie, mais que leur mauvais goût proscrit des préparations alimentaires.

11. Huile de lin. — Le *Lin* est une plante fluette, à

Fig. 33. — Le Lin.

petites fleurs d'un bleu tendre, qui se sème et se récolte tous les ans (fig. 33). Sa culture est très développée dans le nord de la France, en Belgique, en Hollande. C'est la première plante que l'homme ait utilisée pour faire des tissus. De son écorce se retire une filasse employée à la fabrication des toiles les plus fines. Sa graine est une petite semence lisse et luisante d'où l'on extrait, par la pression, une huile employée dans l'éclairage et la peinture, mais non bonne aux usages de la cuisine, à moins qu'elle ne soit très fraîche, et encore n'est-elle que de médiocre valeur.

Son principal emploi est dans la peinture, à cause de sa propriété de se dessécher à la longue, et de former ainsi une sorte de vernis qui retient fortement les matières employées comme couleurs. La couche de peinture que l'on passe sur la boiserie des portes et des fenêtres, par exemple, s'obtient avec de l'huile de lin dans laquelle on délaie des poudres minérales, blanches, vertes ou d'une autre couleur, au gré des peintres.

12. **Potasse et Soude.** — On met des cendres dans l'eau bouillante qui doit servir à nettoyer la vaisselle grasse, on en met aussi dans la lessive qui doit enlever les souillures crasseuses du linge. Or dans ces deux opérations, les endres agissent par leur *potasse*. On appelle ainsi une matière blanche, de saveur brûlante, insupportable, et douée de la précieuse propriété de dissoudre les corps gras. Une matière analogue, nommée *soude*, se trouve dans les cendres des végétaux vivant dans la mer ou dans son voisinage. Enfin la soude peut se retirer aussi du sel marin.

La potasse et la soude, disons-nous, ont la propriété de dissoudre les substances grasses, quelles qu'elles soient, huile, saindoux, suif, graisse, et de les rendre ainsi aptes à être entraînées par l'eau. S'il fallait enlever avec de l'eau seule une tache d'huile souillant un linge, toute notre patience, tous nos soins échoueraient; la tache serait après ce qu'elle était avant, l'eau n'ayant aucune prise sur elle. Mais si nous faisons fondre d'abord dans de l'eau une pincée de potasse ou de soude, et que nous nous servions pour le lavage du liquide ainsi préparé, la tache s'en ira désormais sans difficulté aucune.

Or, des souillures du linge, les plus fréquentes sont précisément celles de nature graisseuse. Le contact prolongé du corps imprègne nos vêtements de crasse; les petits accidents de table souillent d'huile et de graisse les nappes et les serviettes ; le service de la cuisine pénètre les torchons de toutes sortes de corps gras. Pour faire disparaître ces impuretés, sur lesquelles l'eau seule ne peut rien, on a recours à la potasse, que nous trouvons dans les cendres mêmes du foyer. Le rôle des cendres dans la lessive est donc indispensable. A la faveur de leur substance active, l'eau chaude enlève les souillures graisseuses et diverses autres taches qu'un simple lavage n'emporterait pas toujours.

D'autres fois encore, et plus fréquemment, on fait agir à froid soit la potasse, soit la soude, sans recourir aux cendres et à la longue opération de la lessive. Mais l'emploi direct de ces brutales substances est impraticable. Les mains des laveuses, frottant le linge avec des drogues qui rapidement ulcèrent la peau, ne seraient qu'une plaie ; le linge lui-même, si résistant qu'il soit, finirait par être détruit au contact prolongé de ces matières trop énergiques. La potasse et la soude ne peuvent donc, en aucune manière, être employées directement au lavage.

13. **Savon.** — On tourne la difficulté en leur associant une autre substance qui leur enlève leur redoutable énergie sans trop affaiblir leur propriété dissolvante. Or, pour tempérer la force trop brutale de la potasse et de la soude, pour adoucir en quelque sorte les deux terribles drogues et les rendre maniables, on les incorpore dans une matière grasse, tantôt l'huile, tantôt le suif. De cette association résulte le *savon*. La potasse et la soude donnent au savon la propriété de nettoyer ; l'huile et le suif garantissent les mains et le linge d'un contact qui, sans intermédiaire, serait fort dangereux.

Le savon employé à nos vulgaires usages est fait avec de la soude et de l'huile de qualité inférieure, ou bien du suif de bœuf et de mouton. En peu de mots, voici comment la fabrication se passe. Dans de grandes cuves pleines d'eau en ébullition, on verse la quantité voulue de soude, puis la matière grasse, et l'on remue constamment pour bien mélanger le tout. Peu à peu la soude s'incorpore à la matière grasse, le savon se forme et vient surnager en une couche coulante, que l'on enlève pour la verser dans des moules, où elle se fige en épaisses plaques de forme carrée. Ces plaques sont après divisées en pains de dimensions convenables.

FIN.

www.ingramcontent.com/pod-product-compliance
Ingram Content Group UK Ltd.
Pitfield, Milton Keynes, MK11 3LW, UK
UKHW022308070726
13614UKWH00002B/609